KB221017

에너지 기술이
인류를 구할 수 있을까?

질문
하는
시민

2

에너지 기술이
인류를 구할 수 있을까?

기후 위기와 에너지

이필렬 지음

다정한시민

3장
교통수단의 변화와 혁신

기후 변화가 빠르게 진행되는 이 시기에 우리는 어떤 자세로 살아가야 할까요? 분노하거나 체념하는 사람들도 있고, 부정하는 사람들도 있는데, 현명한 태도는 어떤 것일까요? 나는 기후 변화가 심각하다는 사실을 있는 그대로 받아들이면서도 인류가 그것을 헤쳐 나갈 수 있다는 낙관적인 태도가 가장 바람직하다고 생각해요.

이 책에서는 바로 그런 시각에서 우리가 어떤 길을 가야 하는지, 그러려면 우리에게 어떤 수단이 있는지 찾아보았어요. 그 길은 에너지 전환이란 길이고, 수단으로는 재생 가능 에너지 기술, 에너지 효율 기술, 에너지 저장 기술, 탄소 제로 재료 이용 기술 같은 것이 있어요. 요즈음에는 탄소 중립이라는 말이 많이 쓰이고 있지만, 기후 변화를 헤쳐 나갈 수 있는 확실한 길은 에너지 전환이에요. 나는 위의 네 가지 기술을 이용하고 발전시켜 가면 에너지 전환을 충분히 달성할 수 있다고 생각해요.

에너지 전환은 석유나 석탄같이 쓰면 없어지는 화석 에너지와 위험한 원자력에 의존하는 에너지 시스템에서 벗어나 태양 에너지나 풍력같이 끝없이 솟아나는 재생 가능 에너지에 의존하는 에너지 시스템으로 넘어가는 거예요. 태양 에너지와 풍력을 이용해서 전기를 생산하는 기술은 이미 높은 수준에 도달했고, 앞으로도 계속 발전해 갈 거예요. 전기 생산도 대부분의 지역에서 석탄 화력이나 원자력보다 더 낮은 비용으로 할 수 있어요. 앞으로 기술이 계속 발전하면 더 값싸게 전기를 생산하게 될 거예요.

햇빛이 비치지 않을 때나 바람이 약해질 때 필요한 에너지 저장 기술도 빠르게 발전하고 있어요. 그리고 이 기술의 꽃이라 할 수 있는 리튬 이온 배터리는 아주 다양한 분야에서 빠르게 보급되고 있어요. 탄소 제로 재료인 목재를 가지고 강철이나 콘크리트를 대치하는 기술도 이미 높은 수준에 와 있어요. 나무로 지은 수십 층 이상의 고층 빌딩이 세계 곳곳에 세워지고 있고, 다리뿐만 아니라 풍력 발전기의 날개나 타워도 나무로 대치되기 시작했어요.

우리나라는 석유와 가스 같은 화석 에너지를 모두 수입하는 나라예요. 화석 에너지 빈국이지요. 하지만 태양이나 바람 같은 재생 가능 에너지는 적지 않아요. 태양광 발전기를 건물에 설치하고, 농사와 발전을 동시에 할 수 있는 영농형 태양광을 널리 퍼뜨리고, 삼면에 넓게 펼쳐져 있는 바다에 풍력 발전기를 세우면 필요한 에너지를 충분히 생산할 수 있을 거예요. 그리고 이 에너지를 리튬 이온 배터리에 저장했다가 밤 시간이나 바람이 약할 때 사용하면 화석 에너지를 수입하지 않고도 에너지 자립으로 나아가고 에너지 전환을 이룩할 수 있을 거예요.

세계의 몇몇 나라는 에너지 전환을 향해서 열심히 달려가고 있지만, 우리에게 에너지 전환은 아직 멀리 떨어져 있어요. 그런데도 동해 바다에서 석유를 찾아다니는 정반대의 길로 가려 하기도 했지요. 이 길은 실패의 길이에요. 우리나라에는 에너지 전환으로 나아갈 수 있는 세계적 수준의 기술은 풍부해요. 하지만 그 길로 가려는 마음은 아직 부족한 것 같아요. 독자 여러분이 그러한 마음을 갖는 데 이 책이 기여하기를 기대해 봅니다.

1장

기후 재난에서 벗어나는 길

심한 몸살을
앓는 지구

지구는 지금 기후 변화로 심한 몸살을 앓고 있어요. 기후 변화 속도가 시간이 갈수록 빨라지고, 그에 따라 전에 없던 기상 이변도 세계 곳곳에서 일어나고 있어요. 2023년은 그런 기후 변화를 전 세계 어느 곳에서나 그전 어떤 때보다 더 강하게 몸으로 체험할 수 있는 해였어요. 지구의 평균 기온은 그 전해인 2022년에 비해 섭씨 0.2도 상승했고, 100년 전인 1923년과 비교하면 1.32도나 올라갔어요. 인류가 산업화를 본격적으로 시작한 19세기 후반의 온도와 비교하면 1.4도나 상승한 것으로 나와요.

과학자들은 2100년까지 기온 상승을 2도 또는 가능하면 1.5도 이하로 억제해야 큰 재난을 막을 수 있다고 하는데, 지금 벌써 그만큼 올라간 거예요. 이렇게 기온이 계속 올라간 결과 2023년은 지구 기온 관측이 시작된 이래 가장 따뜻한 해가 되었어요. 앞으로 시간이 더 흐르면 이 기록은 또 깨질 거예요.

물론 기온만 올라간 것은 아니겠지요. 2023년에는 바다 표

2023년 남극의 빙산 면적이 그전 가장 작았을 때보다 100만 ㎢나 더 줄어들어서 관측 이래 가장 작은 크기가 되었다. 사진 Pixabay ⓒAlkalenski

면의 온도와 해수면 상승도 최고에 달했고, 남극의 빙산 면적 또한 크게 줄어들어 그전 가장 작았을 때보다 100만 km^2나 더 줄어들어서 관측 이래 가장 작은 크기가 되었어요. 남한 면적이 10만 km^2 정도 되니까 얼마나 넓은 빙산이 사라진 것인지 알 수 있겠지요. 북극도 기온이 크게 올라가서 그곳 빙산도 남극만큼은 아니지만 계속해서 줄어들고 있어요.

이렇게 빠르게 진행되는 기후 변화의 여파로 지구 곳곳에서는 전례 없는 기상 이변들이 나타났어요. 원래 가뭄과 산불이 잦은 미국 캘리포니아에서는 갑자기 폭우가 내려서 2023년 1월 한 달 동안, 1년에 내리던 비가 한꺼번에 쏟아졌고, 이로 인해 아주 큰 물난리가 났어요. 그리고 9월에는 리비아에서 폭풍과 함께 쏟아진 비로 댐이 무너져서 수천 명이 목숨을 잃었지요. 이렇게 많은 사람이 목숨을 잃는 일은 개발 도상국에서만 일어나는 일이 아니에요. 재난에 대한 대비가 잘 되어 있다고 하는 선진국에서도 일어나고 있어요.

예를 들어 유럽에서는 2024년 10월에 스페인 발렌시아 지역에 쏟아진 폭우로 300명 이상이 죽거나 실종되는 일이 있었어요. 같은 해 10월에는 미국에서도 허리케인으로 140명 이상이 사망했지요. 독일에서는 2021년에 폭우로 인해 갑자기 불어난 물로 집들이 쓸려 내려가 140명가량이 죽었어요.

여름철 이상 고온 현상도 곳곳에서 나타났어요. 2023년 여름 폭염이 오래 지속되어 남부 이탈리아에서는 최고 기온이 섭씨 48.2도, 북아프리카 모로코에서는 50.4도를 기록했어요. 이것은 모로코에서 기온이 측정된 이래 가장 높은 온도라고 해요. 이러한 폭염으로 이탈리아, 그리스, 스페인에서 산불이 일어났고, 오랫동안 꺼지지 않아 삼림에 큰 피해를 입혔어요. 8월에는 유럽의 하와이라 불리는 스페인 테네리페섬에서 산불이 일어나 축구장 28000개나 되는 넓은 면적이 모두 잿더미로 변했어요.

아시아에서도 폭염이 기승을 부렸는데, 태국, 베트남, 중국에서는 기온이 45도 이상 올라가기도 했어요. 인도도 폭염의 피해가 자주 발생하는 나라인데, 이곳에서는 2023년 6월 며칠 동안 계속된 폭염으로 96명이 사망하는 일이 일어났지요. 우리나라에서도 2024년 여름은 기상 관측이 시작된 후 가장 더운 여름이었다고 해요. 거의 매일 최고 기온이 30도가 넘어 체감 온도가 35도에 이르렀고, 열대야도 20일이 훌쩍 넘어 평년의 3배 이상 되었다고 하지요.

기후 변화는 여름철뿐만 아니라 겨울철에도 이상 고온 현

안정된 극 소용돌이

극
제트 기류

찬 공기
가두어짐

서쪽에서 동쪽으로
강한 흐름

북극 진동으로 파괴된 극 소용돌이

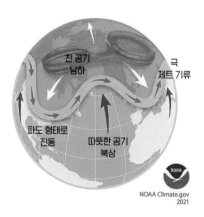

찬 공기
남하

극
제트 기류

파도 형태로
진동

따뜻한 공기
북상

NOAA

NOAA Climate.gov
2021

상을 만들어 내고 있어요. 그런데 특이한 점은 겨울이 따뜻해졌는데도 극심한 한파가 전보다 더 잦아진 것 같아요. 이렇게 한파가 닥치는 이유는 북극 부근에서 불고 있는 제트 기류가 약해졌기 때문이에요. 이 제트 기류는 겨울철에 서쪽에서 동쪽으로 원을 그리며 빠른 속도로 움직이고 있는데, 북극이 다른 지역보다 더 빠르게 따뜻해지면서 원 모양이 변형되는 일이 일어나고 있어요.

제트 기류는 보통 시속 100km 이상, 최대 500km로 아주 빠르게 돌면서 겨울철에 북극의 차가운 공기를 가둬서 아래쪽으로 내려오지 못하게 막아 주는 역할을 해요. 그런데 원 모양으로 돌지 않고 남쪽으로 휘어진 모양을 그리면서 돌면 북극 쪽의 차가운 공기가 남쪽까지 내려오게 되겠지요. 그래서 겨울철에 평년보다 따뜻한 날이 지속되다가 갑자기 추워지는 거예요. 그런 이유로 2024년 1월에는 북유럽의 스웨덴과 핀란드에서 영하 40도 이하로 내려가는 한파가 닥치기도 했어요. 미국에서도 북부는 물론 남부 텍사스까지 이르는 넓은 지역에 북극 한파가 몰려와서 수십 명이 얼어 죽었어요.

기후 변화가 일어나는
원인은 무엇일까?

기후 변화가 일어나는 원인은 무얼까요? 그 주된 원인은 인류가 대기로 내뿜는 이산화 탄소 때문이라고 해요. 대기에 이산화 탄소가 점점 더 많아져서 온실 효과가 더 강해지기 때문이라는 것이지요. 사실 대기에 이산화 탄소가 없어지면 지구는 너무 추워져서 생물이 살기가 어려워요. 그런데 기후 변화는 우리 시대에만 일어난 것이 아니에요. 오래전에도 지구와 태양계의 큰 변동에 의해서 기후 변화가 여러 차례 일어났어요.

어떤 시대에는 대기에 이산화 탄소와 습기가 아주 많아서 지구의 온도가 크게 높아졌던 적도 있어요. 이때에는 양치식물이 끝이 보이지 않을 정도로 자라서 거대한 숲을 이루었고, 그다음 시대에는 공룡들이 육지, 바다, 하늘에서 떼 지어 다녔다고 해요. 산업 혁명에 에너지를 공급했던 석탄은 바로 그때의 양치식물이 땅에 묻혀서 만들어진 것이지요. 달리 이야기하면 양치식물은 대기의 이산화 탄소를 흡수한 뒤 석탄이 되었고, 그 결과 대기의 이산화 탄소가 땅속에 갇히게 되

거대한 숲을 이룬 양치식물은 대기의 이산화 탄소를 흡수한 뒤 석탄이 되었고, 그 결과 대기의 이산화 탄소가 땅속에 갇히게 되었다. 사진 Pixabay ⓒhangela

석유는 원시 바닷속의 작은 해조류가 이산화 탄소를 흡수한 뒤 바다 밑에 쌓이고 변형되어서 만들어진 것인데, 이로 인해 대기의 이산화 탄소 농도는 더 줄어들었다. 사진 Pixabay ⓒsatyaprem

고 줄어들었어요.

　석탄 다음에는 석유가 만들어지게 돼요. 석유는 오래전 원시 바닷속의 작은 해조류가 이산화 탄소를 흡수한 뒤 바다 밑에 쌓이고 변형되어서 만들어진 것인데, 이로 인해 대기의 이산화 탄소 농도는 더 줄어들게 되었어요. 이에 따라 온실 효과도 약해지고 지구 기온도 떨어졌지요.

　지금 우리가 살고 있는 지구의 기후는 대기 속의 이산화 탄소가 제거되는 이러한 긴 과정을 거쳐서 만들어졌고, 수만 년 동안 큰 변동 없이 사람이 살아갈 수 있게 안정적으로 유지되고 있어요. 그런데 지금 우리는 석탄이나 석유 같은 화석 에너지를 사용해서 오래전에 땅속에 갇혔던 이산화 탄소를 대기로 다시 돌려주고 있지요. 그 결과로 기온이 올라가고 기후 변화가 일어나고 있는 것이고요.

　그러니까 기후 변화로 인한 극심한 기상 이변을 막으려면 대기로 들어가는 이산화 탄소 같은 온실가스 배출을 줄여야 해요. 그런데 온실가스는 어떻게 하면 줄일 수 있을까요? 온실가스 중에서 가장 많은 비중을 차지하는 이산화 탄소는 물체가 탈 때 주로 발생해요. 화재가 나면 온갖 물건이 불에 타지요. 이때 유독 가스도 나오지만 이산화 탄소가 가장 많이 발생해요. 대기로 들어가는 대부분의 이산화 탄소는 석유나 가스, 석탄 같은 화석 에너지를 태우는 과정에서 발생해요. 내연 기관 자동차가 달릴 때, 화력 발전소에서 전기를 생산할 때, 난방을 위해 석유나 가스 또는 석탄이나 나무를 태울 때 나오는 거예요. 물론 시멘트 생산 과정에서는 석회석이 분해되면서 많은 양의 이산화 탄소가 분리되어 나오지요.

유엔에서 개최하는 세계 기후 변화 회의에서는 각 나라 대표들이 온실가스 배출량과 화석 에너지 사용량을 얼마나 줄여야 하는지 협의해요. 이 회의는 1992년부터 해마다 열리고 있어요. 그때부터 지금까지 30년이 넘는 기간 동안 지구의 거의 모든 나라 대표들이 모여서 이산화 탄소 배출을 어떻게 줄일 것인지 의논하고 있어요. 그런데 그 결과 온실가스 배출량이 줄었을까요? 화석 연료 소비가 줄었을까요? 대기의 이산화 탄소 농도가 감소했을까요? 아니면 늘어나는 속도가 줄어들기라도 했을까요?

안타깝게도 그렇지 않아요. 오히려 크게 늘어났어요. 그것도 회의가 시작된 1992년부터 지금까지 거의 쉬지 않고 계속해서 말이지요. 1992년 대기의 이산화 탄소 농도는 356ppm이었어요. 산업화가 본격적으로 시작되기 전인 1850년에는

지구 온난화와 기후 위기를 걱정하는 학생들이 거리 시위를 하고 있다. 사진 Pixabay ⓒcubicroot

280ppm이었으니 거의 27% 증가했지요. 그런데 2023년에는 약 421ppm, 2024년에는 약 424ppm으로 늘어났어요. ppm은 100만 분의 1을 나타내는 줄임말이에요. 280ppm이란 주로 질소와 산소 분자로 이루어진 공기 알갱이 100만 개 중에 이산화 탄소 분자 알갱이가 280개 들어 있다는 것을 의미해요.

2023년의 이산화 탄소 농도가 421ppm이 되었으니, 대기의 이산화 탄소 농도는 1992년부터 30년 동안 18%, 1850년부터 시작하면 50%가량 증가한 것이네요. 최근으로 가까워질수록 대기의 이산화 탄소 농도가 전보다 훨씬 더 빠르게 증가한다는 것을 알 수 있지요.

당연히 이산화 탄소를 내놓는 화석 에너지 사용량도 크게 늘어났지요. 1992년에 전 세계 인류는 에너지로 환산했을 때 73.5테라와트시(TWh)를, 2022년에는 137테라와트시(TWh)를 소비했어요. 30년 동안 거의 2배 가까이 늘어난 것이지요. 이에 따라서 이산화 탄소 배출량도 그만큼 크게 늘어났어요. 그렇다고 해도 대기의 이산화 탄소 농도가 2배가 되는 것은 아니에요. 이미 대기에 들어 있는 이산화 탄소에 계속 더해지는 것이니까요. 지금 우리가 겪는 심한 기상 이변은 바로 그 결과지요.

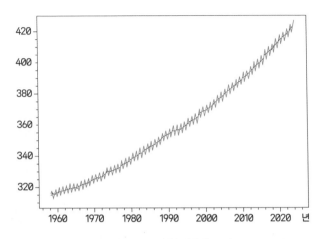

대기 중 이산화 탄소 농도(Mauna Loa 관측소. 단위 CO₂ ppm)

탄소 중립은 이산화 탄소 배출량과 이산화 탄소 제거량을 더하고 빼서 제로로 만든다는 의미이다. 사진 Pixabay ⓒgeralt

탄소 중립 시나리오,
실현 가능할까?

이렇게 기후 변화가 계속 진행되면 앞으로 25년 가까이 지난 2050년쯤에 지구 기후는 어떻게 변해 있을까요? 그리고 세상은 어떤 모습으로 바뀌어 있을까요?

세계 각국의 대표들은 2015년 12월 파리에 모여서 2100년까지 지구의 평균 기온이 산업 혁명 전과 비교해 섭씨 2도 이상 올라가지 못하도록, 가능하면 1.5도 정도만 상승하도록 억제하자고 결정했어요. 만일 이 결정대로 된다면 지구와 인류는 타격은 조금 받겠지만 큰 혼란은 겪지 않고 기후 변화로 인한 문제를 헤쳐 나갈 수 있다고 해요. 그렇지만 지구 평균 기온이 2도 이상 올라가면 인류가 감당하기 어려운 기상 이변들이 닥쳐서 인류 문명은 극심한 위기를 맞이할 것이라고 하지요.

지구 평균 기온이 2도가 아니라 5도나 6도 이상 올라간다면, 2004년에 상영된 영화 〈투모로우〉에 나오는 것처럼 아주 참혹한 일이 벌어질지도 몰라요. 대서양 왼쪽과 오른쪽에 있는 북미와 유럽 대륙 기온이 영하 30도로 떨어져 얼음으로 뒤덮이고 발전, 교통, 난방 시설 등이 마비되어 수많은 사람이 사망하는 재난이 벌어지는 일 말이에요. 그래서 지구 평균 기온이 2도, 가능하다면 1.5도 이상 올라가지 못하도록 해야 한다는 거예요. 그런데 그게 가능할까요?

여러 나라의 지도자들, 기후 연구자들, 시민 단체들은 아직 시간이 남아 있다, 이 시간 동안 열심히 이산화 탄소 배출을 줄여 가자, 그러면 지구 평균 기온 상승을 2도 이하, 아니 1.5도 이하로 억제할 수 있다고 이야기해요. 그래서 이들은 이산화 탄소 배출을 어떻게 줄여 나갈 것인가를 제시하는 시나리오를 여러 개 만들었어요. 이 시나리오에 따르면 기온 상승을 2도 이하로 억제하려면 전 세계 이산화 탄소 배출량이 늦어도 2030년부터는 감소해야 하고, 2050년경에는 배출량이 제로 또는 탄소 중립이 되어야 한다고 해요.

탄소 중립은 탄소 배출 제로와는 다른 말이에요. 탄소 배출 제로는 이산화 탄소를 전혀 배출하지 않는다, 즉 배출이 0이라는 걸 의미해요. 하지만 탄소 중립은 화학에서 산성 용액을 알칼리 용액으로 중화시키는 것과 비슷한 의미를 가지고 있어요. 다시 말하면 이산화 탄소 배출량과 이산화 탄소 제거량을 더하고 빼서 제로로 만든다는 것이지요. 간단한 예를 들어 설명하면, 석탄을 태우면서 동시에 나무를 심어서 이때 배출되는 이산화 탄소를 모두 흡수하면 탄소 중립이 되는 거예요. 우리나라 정부에서도 기후 변화로 인한 재난을 막는 데 기여하기 위해 2050년경에 탄소 중립을 달성하겠다고 선언했지요.

그러면 이제 이산화 탄소 배출 시나리오가 과연 현실에서 이루어질 수 있을지 살펴보기로 해요. 화석 에너지를 태우면 반드시 이산화 탄소가 배출되니까 2030년부터 이산화 탄소 배출량을 줄일 수 있는 가장 간단한 방법은 화석 에너지 사용을 줄이는 것이겠지요. 그런데 화석 에너지 사용을 줄이면 에너지는 어디에서 얻어야 하지요? 이산화 탄소를 내놓지 않는 태양 에너지, 풍력 에너지 같은 재생 가능 에너지 사용을 늘리거나, 원자력 발전을 늘리는 방법이 있겠지요.

화석 에너지를 태울 때 나오는 이산화 탄소를 따로 모아서 저장하여 공기 속으로 날아가지 않도록 하는 것도 이산화 탄소 배출량을 줄이는 한 방법이에요. 또 이미 공기 속에 있는 이산화 탄소만 뽑아내어서 저장하거나 가공하는 방법도 있어요. 그리고 빠르게 자라는 나무를 많이 심어서 공기 속 이산화 탄소를 흡수하도록 하는 것도 가능한 방법이지요.

인류가 대단히 빠르게 재생 가능 에너지를 늘리고 공기 속의 이산화 탄소를 제거한다면, 2030년부터 이산화 탄소 배출량을 줄인다는 계획이 현실이 될 수 있을 거예요. 그런데 문제는 이산화 탄소를 내놓지 않는 에너지를 늘려 가고, 또 한쪽에서 이산화 탄소를 제거하더라도 전 세계에서 사용하는 화석 에너지의 양이 너무 많고 계속 증가한다는 것이에요.

21세기에 들어와서 태양광 발전과 풍력 발전 기술은 눈부시게 발전했고, 여기에서 생산되는 에너지도 크게 증가했어요. 2000년에 전 세계에서 태양 에너지와 풍력을 이용해서 생산한 전기는 32테라와트시(TWh)였어요. 2023년에는 3967테라와트시(TWh)로 늘어나요. 23년밖에 안 되는 기간 동안 125배가량 늘어난 것이지요. 엄청난 속도로 증가한 것인데, 그래도 이 기간 동안 이산화 탄소 배출량은 줄어들지 않았고 오히려 크게 증가했어요. 2000년에 전 세계의 화석 연료에서 배출된 이산화 탄소의 양은 약 255억 톤이었지만, 2022년에는 50% 가까이 늘어난 371억 톤이 되었거든요.

이렇게 인류의 에너지 소비가 아주 많고 계속 늘어나기 때문에 태양, 풍력, 수력, 바이오 에너지같이 이산화 탄소를 내놓지 않는 재생 가능 에너지가 크게 늘어나도 역부족인 것이

21세기에 들어와서 태양광 발전과 풍력 발전 기술은 눈부시게 발전했고, 여기에서 생산되는 에너지도 크게 증가했다. 사진(위) Pixabay ⓒSolarimo 사진(아래) Pixabay ⓒBoke9a

지요. 2000년에 전 세계에서 재생 가능 에너지로 생산한 전기의 양은 전체 전기의 19%였어요. 2023년에는 이 비율이 30%로 늘어나요. 그렇지만 인류의 전기 소비량도 2000년의 15277테라와트시(TWh)에서 2023년에는 29479테라와트시(TWh)로 두 배 가까이 증가하기 때문에, 화석 에너지 사용량과 이산화 탄소 배출량도 늘어날 수밖에 없었던 것이에요.

이산화 탄소를 제거하는
세 가지 방법

앞에서 이산화 탄소를 제거하는 방법으로는 공기 속의 이산화 탄소를 뽑아내어서 땅이나 바다에 가두어 버리는 것, 화력 발전소 같은 곳에서 화석 에너지를 태울 때 나오는 이산화 탄소를 날려 보내지 않고 따로 모아서 가두거나 가공해서 사용하는 것, 그리고 나무를 많이 심어서 이산화 탄소를 흡수하는 것이 있다고 했지요.

앞의 두 가지 방법을 실행할 수 있는 기술은 이미 나와 있고, 사용되고 있어요. 아이슬란드에서는 뜨거운 땅속의 에너지를 이용해서 공기 속의 이산화 탄소를 뽑아내어 깊은 지하의 현무암층에 가두어 두는 작업이 이루어지고 있지요. 하지만 문제는 비용이 너무 많이 든다는 거예요. 1톤의 이산화 탄소를 뽑아내고 가두는 데 수백 달러가 든다고 하거든요.

우리나라 관악산 아래 서울대학교 한 곳에서 1년 동안 배출하는 이산화 탄소의 양은 14만 톤 정도 된다고 해요. 이걸 모두 모아서 가둔다면 비용은 4~5천만 달러, 우리 돈으로는 500억 원이 넘어요. 석탄을 때는 대형 화력 발전소에서 1년 동안 나오는 이산화 탄소를 공기에서 뽑아 가두려면 2~3조 원이 필요할 거예요. 만일 이 비용까지 모두 전기 요금으로 메우려면 우리나라 전기 요금이 지금의 10배도 넘어야 할 거 예요. 그러니 작은 규모로 적용할 수는 있겠지만 널리 적용 하기는 어려워요.

화력 발전소나 제철소 같은 곳에서 석탄을 태울 때 나오는 이산화 탄소를 바로 제거하는 방법은 굴뚝으로 가는 연기를 공기로 내보내지 않고 화학 물질 속으로 통과시켜서 그 물 질에 이산화 탄소를 흡수시키는 거예요. 그다음에 이 물질에 에너지를 가해서 이산화 탄소를 분리시킨 다음 압축해서 깊 은 땅이나 바닷속에 가두는 거지요. 그런데 이 방법도 1톤의 이산화 탄소를 모으고 가두는 데 수백 달러의 돈이 들기는 마찬가지예요.

마지막 방법은 빠르게 성장하는 나무를 심어서 공기 중의 이산화 탄소를 흡수시켜 제거하는 것이지요. 이런 나무로 우 리 주위에서 흔히 볼 수 있는 것은 오동나무, 포플러, 뽕나무, 전나무, 소나무가 있어요. 이 방법이 가장 간단한 것처럼 보 이지만 문제도 있어요. 아주 넓은 땅이 필요하다는 것이에요. 그만큼 물과 인력도 많이 투입되어야겠지요.

포플러 길과 전나무 숲. 빠르게 성장하는 나무를 심어서 공기 중의 이산화 탄소를 흡수시켜 제거한다. 사진(위) Pixabay ⓒAnnaER 사진(아래) Pixabay ⓒoyso

앞에서 말한 세 가지 중에서 전문가들이 가장 크게 기대를 거는 것은 세 번째 방법이에요. 그 이유 중 하나는 이산화 탄소도 제거하지만 동시에 에너지를 생산할 수 있다는 거예요. 나무가 자라면 수확해서 직접 태우거나 가공하여 바이오 에너지로 이용하고 이때 발생하는 이산화 탄소는 따로 모아서 처리하면 에너지도 얻으면서 이산화 탄소는 계속 제거할 수 있으니까요. 그래서 기후 변화 회의에 참석한 전문가들이 내놓은 시나리오에서는 2040년경부터 이 방법을 아주 큰 규모로 적용해야만 2050년경 탄소 중립을 달성할 수 있는 것으로 나와요.

기후 피로감,
양치기 소년의 "늑대가 나타났다!"

　그러면 이제 이런 질문을 해 볼 수 있어요. 1992년부터 세계 각국의 지도자와 전문가들이 기후 변화가 점점 더 심해질 것이라고 걱정하고 경고했는데, 왜 사람들은 화석 연료 사용과 이산화 탄소 배출을 빨리 줄여야겠다고 생각하지 않고 오히려 더 많이 배출한 걸까요? 그렇게 흘러간 이유가 무엇일까요?

　가장 중요한 이유는 기후 변화가 우리가 몸으로 바로 느낄 정도로 빠르게 진행되는 것이 아니라 천천히 다가오기 때문이에요. 화석 에너지를 많이 사용한 결과로 기후 변화가 진행되고 기상 이변이 종종 일어나는 불편을 겪기는 하지만 더 잘살기 위해서는 에너지를 더 사용해야 하는데 이걸 포기하기가 아주 어렵기 때문이지요. 이산화 탄소 배출을 줄이기 위한 포기, 이로 인한 큰 변화를 받아들이려 하지 않는다는 것이에요.

　우리나라만 보아도 1990년의 평균 기대 수명은 71.7세였는데, 2022년에는 82.7세로 32년 동안 11년이나 늘어났어요. 1년에 0.34년씩, 정말 빠르게 증가한 거예요. 그리고 1인당 실질 소득은 1990년에 1192만 원이었는데, 2023년에는 3703만 원으로 3배 이상 증가해요. 그래서 일본을 따라잡았다고 하잖아요. 이게 모두 에너지가 뒷받침되었기 때문에 가능한 것이에요.

우리나라의 1인당 에너지 소비는 1990년에 24162킬로와트시(kWh)였던 것이 2023년에는 66698킬로와트시(kWh)로 늘어났어요. 3배 가까이 증가한 것이지요. 이와 함께 온실가스 배출량도 크게 늘어났는데, 1990년에는 우리나라 사람 한 명이 5.7톤의 온실가스를 배출했지만, 2022년에는 11.6톤을 배출하게 돼요.

이렇게 에너지 소비도, 온실가스 배출도 늘어나니 기후 변화는 점점 심해질 수밖에 없겠지요. 평균 기온도 점점 올라가지만 매년 조금씩 올라가니까 사람들은 지금 당장은 크게 우려하지 않는 것이고요. 1973년부터 2023년까지 50년 동안의 우리나라 평균 기온을 살펴보면, 1973년에는 12.3도, 2023년에는 13.7도로 1.4도나 올라갔어요. 그렇지만 중간쯤 되는 1996년에는 11.8도로 1973년보다 0.5도나 낮아요. 이렇게 오르락내리락하니까 전체적으로는 상승한다고 해도 몸으로 직접 강하게 느끼지 못하고, 이로 인해 경고하는 목소리도 잘 들리지 않는 거지요.

그런데 1973년부터 10년씩 잘라서 평균을 내면, 첫 10년은 12.0도, 그다음 10년은 각각 12.1도, 12.3도, 12.5도, 그리고 마지막 2013년부터 2022년까지 10년 평균은 13.0도가 돼요. 평균 기온이 계속 올라간 것을 볼 수 있지요. 그리고 50년 동안 1도가 상승했다는 것도 알 수 있고요. 그런데도 사람들은 1도 상승이 50년에 걸쳐서 천천히 그것도 오르락내리락하면서 이루어지니까 잘 느끼지 못하고 크게 걱정하지 않는 것이에요.

또 한 가지 사람들이 화석 에너지 사용과 이산화 탄소 배출에 대해 크게 신경 쓰지 않게 된 이유는 기후 변화가 심각하다는 경고의 목소리가 50년 가까이 끊임없이 이어졌다는 것에서도 찾을 수 있어요. 너무 오랫동안 너무 자주 듣다 보니 그 소리에 익숙해져서 감각이 무뎌진 것이지요. 위험하다, 재난이 닥친다는 소리가 『이솝 우화』에 나오는 양치기 소년의 "늑대가 나타났다!"는 소리처럼 들릴 수도 있다는 것이지요.

우리는 기후 변화가 심각하다는 경고의 목소리를 너무 오랫동안 너무 자주 듣다 보니 그 소리에 무감각해졌다. 사진(위) Pixabay ©chiemseherin 사진(아래) Pixabay ©Pixel-mixer

실제로 우리나라 사람들의 기후 변화에 대한 걱정은 시간이 갈수록 줄어들고 있어요. 우리나라 통계청에서는 2008년부터 2년에 한 번씩 "기후 변화 문제로 불안한가?"라는 조사를 하고 있어요. 2008년에는 불안하다는 응답이 65.6%로 꽤 높았어요. 그런데 2018년에는 49.3%로 떨어지고, 2022년에는 45.9%로 더 떨어져요. 우리 국민의 절반 이상이 기후 변화가 별거 아니라는 생각을 갖게 된 것이지요.

이러한 경향은 환경에 대한 의식이 아주 높다고 하는 독일에서도 나타나고 있어요. 최근에 독일 사람들의 기후 변화에 대한 관심이 점점 약해지고 있다는 조사 결과가 나오고 있거든요. 그리고 독일의 학자들과 언론에서는 '기후 피로감'이라는 말을 사용하기 시작했어요. 기후 변화에 대한 우려의 소리와 그것을 막기 위해서 행동해야 한다는 소리를 너무 오래, 너무 많이 들어서 사람들이 피로감을 느끼고, 관심도 줄어든다는 것이지요.

이 현상은 독일의 선거에서도 나타나고 있어요. 2024년에 있었던 지방 선거에서 기후 변화와 환경 문제 해결에 앞장서온 녹색당이 참패하고, 인간의 활동이 기후 변화의 주된 원인이라는 것을 부정하는 독일 대안당이 많은 의석을 차지했

거든요. 대안당은 2025년 2월 23일에 있었던 연방 의회 선거에서는 20.8%의 표를 얻어서 두 번째로 많은 의석수를 차지하기도 했어요. 반면에 기후 변화를 막는 데 적극적인 사회 민주당과 녹색당은 그전 선거에 비해 크게 쪼그라들었지요.

미국의 2024년 대통령 선거에서 도널드 트럼프가 당선된 것도 미국 사람들 상당수가 기후 변화에 대해 심각하게 생각하지 않는다는 걸 보여 주고 있어요. 트럼프는 "기후 변화는 인류 역사의 가장 큰 사기 중 하나"라고 말하는 사람이거든요. 그러니 러시아까지도 가입한 파리 협약에서 다시 탈퇴하였지요.

현재 사정이 이렇기 때문에 나는 아무리 좋은 지도자가 나와서 기후 변화를 막기 위해 노력한다고 해도, 온실가스 배출이 2030년부터 감소하는 일은 일어나지 않을 것이라고 생각해요. 2050년에 전 세계에서 탄소 중립이 달성되기도 어려울 것으로 보고요. 그러면 세계 기후 변화 회의에서 이야기하듯 인류는 정말 엄청난 위기를 맞게 될까요?

이산화 탄소 배출이 이 회의의 시나리오대로 되지 않으면 지구 평균 기온이 2도 이상은 물론이고, 어쩌면 4~5도까지 올라갈 거예요. 커다란 기상 이변이 잦아지고 해수면이 상승할 거예요. 세계 곳곳에서 극심한 재난이 일어날 것이 분명해요. 그렇지만 나는 스웨덴의 그레타 툰베리나 독일의 '마지막 세대', 영국의 '멸종에의 반란' 같은 단체가 주장하듯 인류 문명이 정말 엄청난 위기를 맞고 멸망의 길로 들어서게 되지는 않을 것이라고 생각해요. 인간은 위기나 재난을 맞았을 때 항상 적응이나 극복을 할 수 있는 능력을 발휘해서 그것을 헤쳐 나갔기 때문이에요.

사진 Pixabay ⓒRexels

2장

스마트 에너지 관리 기술

기후 변화는
인류가 직면한 가장 큰 위협

이제 기후 변화에 어떻게 적응하고 극복할 수 있을지 생각해 보기로 해요. 인류에게 큰 위기가 닥치려 할 때에는 항상 선각자들이 나타났어요. 이 선각자들을 중심으로 사람들이 힘을 합쳐 위기를 헤쳐 나가는 노력을 해서 이겨 낼 수 있었지요. 물론 극복에 실패했던 때도 있었지만요.

그러면 지금 우리 앞에는 어떤 선각자가 있을까요? 나는 이 선각자들을 세 가지로 나눌 수 있다고 생각해요. 하나는 지금 우리 인류가 위기에 처해 있다고 큰 소리로 외치는 사람, 또 하나는 멀리 수십 년, 수백 년 뒤를 생각하면서 위기를 극복할 계획을 짜는 사람, 그리고 마지막은 실생활에 적용할 수 있는 위기 극복 기술을 만들어 내는 사람이에요.

소리 높여 외치는 선각자는 주로 목소리를 높여서 계속 경고를 해요. 그레타 툰베리 같은 여성이 대표적이고, 독일의 '마지막 세대'나 영국의 '멸종에의 반란' 같은 환경 단체도 여기에 속할 거예요. 학자들 중에도 그런 사람들이 있지요. 그런데 이들은 주로 앞선 세대를 비판하는 경향이 있어요. 앞

2018년 8월. 스웨덴 국회 의사당 앞에서 시위하고 있는 그레타 툰베리. 피켓에는 "기후를 위한 학교 파업"이라고 적혀 있다. 사진 위키미디어 커먼스 ⓒAnders Hellberg

자연이 없으면 미래도 없다! 2024년 7월 환경을 위한 행진에 남녀노소를 막론하고 많은 사람들이 참여하고 있다. 사진 Extinction Rebellion

세대에서 화석 에너지를 대량으로 소비했기 때문에, 그런데도 지금 해결책을 찾고 실천하는 노력을 열심히 하지 않기 때문에 기후 위기가 더 심각해졌다고 비판하는 거예요. 그레타 툰베리도 2019년 유엔에서 행한 연설에서 어른들이 기후 위기 극복을 위한 노력을 게을리하고 있고, 자기와 같은 젊은이들을 실망시키고 있다고 비판했어요.

그다음 선각자는 학자나 정치인에서 찾아볼 수 있어요. 이들은 이대로 수십 년이 지나가면 세상이 큰 위기에 처할 것을 확실하게 믿고 있어요. 그래서 이 위기를 해결하기 위해서는 지금부터 어떤 계획을 세우고 실행해 나가야 하는지 연구하고, 정책을 통해 실천에 옮기려고 노력하지요. 이런 사람으로 세계적으로 널리 알려진 사람을 찾기는 어려워요. 장기적인 계획을 연구하고 사람들에게 그것을 설득하는 일은 주목을 받기가 쉽지 않기 때문이에요. 하지만 세계 곳곳에는 이런 작업을 하는 사람들이 꽤 많이 있어요.

마지막 선각자는 기술자나 기업인에서 찾을 수 있을 거예요. 대표적인 사람은 테슬라의 경영자이자 최대 주주인 일론 머스크라고 할 수 있어요. 그는 테슬라의 대표를 맡을 때부터 전기 자동차와 에너지 저장 장치 그리고 태양광 사업을 통해서 전 세계의 지속 가능한 에너지 생산에 기여한다는 목표를 가지고 있었어요. 지금 세계적인 기업을 일군 사람 중에서 기후 변화와 지속 가능한 에너지에 대해서 공개적으로 관심을 보이는 사람은 일론 머스크 외에 빌 게이츠가 있어요. 그런데 두 사람 사이에는 커다란 차이가 있어요.

빌 게이츠는 마이크로소프트라는 기업을 창업하고 세계 1위 기업으로 만들 때까지 기후 변화 문제에 대해서 별다른 관심을 보이지 않았어요. 사실 마이크로소프트는 기후 변화를 해결할 수 있는 지속 가능한 에너지 기술 개발과는 거리가 먼 기업이지요. 주된 사업 영역이 소프트웨어 개발이니까요. 빌 게이츠는 마이크로소프트에서 물러나고 나서야 기후 변화 문제에 대해서 목소리를 내기 시작했어요. 이와 관련해서 이해가 잘 안 되는 것은 그가 적극적으로 관심을 갖고 지원하는 분야는 재생 가능 에너지나 전기차가 아니라 소형 원자력 발전소와 핵융합이라는 거예요. 빌 게이츠는 아직 원자력에 큰 기대를 하고 있는 것이지요. 많은 사람이 원자력 발전이 위험하다고 생각하는데, 빌 게이츠는 소형으로 만들고 기술을 더욱 개발하면 안전하게 이용할 수 있다고 보고 있어요.

반면에 일론 머스크는 2004년경에 전기 자동차를 만드는 테슬라에 참여했을 때부터 기후 변화 해결에 관심이 있었어요. 그는 회사를 경영해 가면서 전기 자동차와 함께 파워월과 메가팩이라는 에너지 저장 장치, 태양광 사업, 자율 주행, 로봇 등으로 사업을 확장해 갔는데, 이것이 모두 지속 가능한 에너지를 이용한 기후 변화 극복과 관련 있는 것이에요. 그는 2018년에 "기후 변화는 인류가 이 세기에 직면한 가장 큰 위협"이라고 말하기도 했어요. 2021년에는 이산화 탄소를 대규모로 모아서 저장하는 기술을 개발하는 사람에게 1억 달러의 상금을 주겠다는 약속도 했고요.

에너지 기술이
지구를 구할 수 있을까?

나는 기후 변화를 극복하기 위해서는 앞에서 이야기한 세 부류의 선각자들이 모두 필요하다고 생각해요. 첫 번째 선각자는 사람들에게 기후 변화의 심각성에 대해서 계속 경고함으로써 많은 사람을 계몽하고 경각심을 갖게 만드는 역할을 하기 때문이에요. 이렇게 계몽된 사람들이 많아져야 기후 변화 해결을 위한 여러 시도가 힘을 얻을 수 있겠지요.

두 번째 선각자는 미래를 위한 설계를 그리고 그것을 실행할 수 있는 정책적인 방법을 찾는다는 점에서 중요하지요. 기후 변화는 장기 계획을 세우고 여러 방면에서 차근차근 접근해야만 해결될 수 있으니까요.

세 번째 선각자는 기후 변화에 대항할 수 있는 기술을 개발해서 기후 변화를 유발하는 기존의 기술을 몰아내고 지속 가능한 에너지를 우리 생활 속에서 퍼뜨리는 일을 한다는 점에서 매우 중요해요. 물론 이 기술은 기존의 기술보다 더 뛰어나고 경제적이어야만 우리 생활 속에 파고들 수 있겠지요. 이런 기술은 대단히 중요해요. 왜냐하면 경고의 목소리가 아무리 크다고 해도, 미래를 아무리 잘 설계한다고 해도, 이 기술이 없다면 시간이 갈수록 기후 변화가 더 심해질 수 있기 때문이에요.

물론 많은 사람이 에너지를 엄청 소비하는 현재의 삶을 포기하고 이동할 때 주로 걷거나 자전거를 이용하고, 해외여행도 가지 않고, 난방이나 냉방도 추위나 무더위를 겨우 면할 정도로 하면서 생활한다면 기후 변화는 서서히 극복될 수 있겠지요. 세상에는 이런 사람들도 적은 수이지만 있어요. 하지만 앞에서도 이야기했듯이 대부분의 사람들은 현재의 생활 수준을 포기하려 하지 않아요. 오히려 에너지를 더 쓰더라도 삶이 좋아진다면 그쪽으로 가려고 하지요. 그러니 대다수 사람들에게 현재 삶의 질을 유지하거나 더 높여 주면서도 기후 변화 위기를 해결하려면 기후 변화에 대항하는 해결 기술이 반드시 나와야 하는 거예요.

이제부터는 경고의 목소리, 장기 계획, 기후 변화 해결 기술 세 가지 중에서 어쩌면 가장 중요하다고 볼 수 있는 대항 기술 또는 해결 기술에 대해 살펴보도록 해요. 현재 다양한 기술이 있지만 크게 세 가지 정도로 나눌 수 있어요. 첫 번째는 지구 전체를 대상으로 삼아 온실가스의 영향력을 줄이려는 것으로 아주 넓은 범위에 적용하는 기술, 두 번째는 이산화 탄소를 만들어 내지 않는 에너지 생산 기술, 세 번째는 에너지를 적게 사용하면서도 그것으로부터 가능한 한 많은 결과를 얻어 내는 기술이에요.

첫 번째 지구를 대상으로 넓은 범위에 적용하는 기술에는 대기의 이산화 탄소를 모아서 가두어 두는 것도 들어가지만 대표적인 것은 지구 공학이라는 기술이에요. 지구 공학 기술은 글자 그대로 지구에 적용하는 기술을 말해요. 이런 기술로는 대기 중에 지구로 들어오는 햇빛을 반사하는 물질을 넓게 뿌려서 지구를 식히는 기술, 바다에 철분이 들어간 영양 성분을 뿌려서 플랑크톤이 번성하게 해서 이산화 탄소를 흡수시키는 기술, 또는 바다에 석회를 뿌려서 공기 중 이산화 탄소를 빨아들이게 하는 기술 같은 것이 있어요.

그런데 이런 기술은 많은 실험을 거쳐서 생태계에 안전한지, 부작용은 없는지 확실하게 확인된 것이 아니에요. 예를 들어서 지구 대기에 햇빛을 반사하는 물질을 잔뜩 뿌리면 지구 기온이 떨어질 텐데, 어디에 얼마나 뿌리면 기온이 몇 도 내려가는지 정확하게 알기는 어려워요. 기온이 너무 많이 떨어지면 농작물이 자라지 않아 흉년이 들 수도 있는 거지요.

큰 화산이 폭발해서 하늘이 화산재로 뒤덮이면 넓은 지역에서 햇빛이 차단되어서 기온이 떨어진다. 그러면 여름에도 온도가 낮아서 농작물 수확이 크게 줄어든다. 사진(위) Pixabay ⓒGuillaumesens 사진(아래) Pixabay ⓒStockSnap

큰 화산이 폭발해서 하늘이 화산재로 뒤덮이면 넓은 지역에서 햇빛이 차단되어서 기온이 떨어져요. 그러면 여름에도 온도가 낮아서 농작물 수확이 크게 줄어들어요. 이런 일은 지구 역사에서 여러 차례 일어났어요. 가장 유명한 사례는 1815년에 폭발한 인도네시아의 탐보라 화산이에요. 이 폭발은 어마어마한 규모였기 때문에, 화산에서 분출된 화산재와 가스가 지구를 온통 뒤덮어서 햇빛을 차단했어요. 그래서 1816년은 기온이 크게 떨어져서 여름이 아예 없었다고 해요. 그 결과 유럽과 아시아에 걸친 넓은 지역이 여러 해 동안 흉년과 기근으로 고통받았다고 하지요.

두 번째 기술은 우리가 주위에서 종종 볼 수 있는 것으로 재생 가능 에너지를 이용해서 전기를 생산하는 기술이에요. 태양광 발전, 풍력 발전, 수력 발전, 조력 발전 같은 것이 이 기술에 속해요. 이 기술은 화석 에너지를 사용하지 않기 때문에 당연히 이산화 탄소를 내놓지 않겠지요.

세 번째 기술은 에너지를 효율적으로 사용하는 기술이라고 할 수 있어요. 가장 간단한 예는 LED 조명 기구예요. 우리나라에서 60년쯤 전에 사용한 조명 기구는 대부분 백열전구였어요. 그다음에 보급된 것은 3파장 형광등이었고, 지금 널

에너지를 효율적으로 사용하는 기술의 가장 간단한 예는 LED 조명 기구이다. 형광등보다 전기는 훨씬 적게 쓰면서도 밝기는 똑같다. 사진 Pixabay ©Hans

리 사용되고 있는 LED 조명은 21세기에 들어와서 퍼진 거예요. 그러면 왜 백열전구 다음에 형광등, 그다음에 LED 조명 기구가 퍼지게 되었을까요? 이유는 간단해요. 형광등이 백열전구와 같은 밝기를 내면서도 전기는 적게 사용하고, LED 조명이 형광등보다 전기는 훨씬 적게 쓰면서도 밝기는 똑같기 때문이에요. 다시 말하면 효율이 높은 것이지요.

가스보일러에도 비슷한 것이 있어요. 콘덴싱 보일러라는 게 있는데, 이게 요즘 들어 많이 퍼지는 이유는 보통 보일러보다 효율이 더 높기 때문이에요. 다시 말해서 난방 능력은 똑같은데 콘덴싱 보일러가 보통 보일러보다 가스를 덜 쓴다는 거예요.

나는 세 가지 기술 중에서 에너지를 효율적으로 사용하는 기술이 지속 가능한 인류 문명을 위해서 가장 중요하다고 생각해요. 이러한 기술은 아주 다양해요. 에너지를 사용하는 거의 모든 분야에서 개발되고 적용될 수 있으니까요. 이 기술은 조명, 난방 기기, 요리 기구, 가전제품, 전기 모터, 교통수단, 반도체, 건축물, 에너지 저장 장치 등 우리 주위의 거의 모든 곳에 적용될 수 있어요. 그러면 이 중에서 우리 미래를 크게 변화시킬 기술 몇 가지를 생각해 보기로 해요.

전기 자동차,
어떤 장점이 있을까?

전 세계 온실가스의 16% 정도가 교통 분야에서 나오고 있어요. 비행기, 선박, 철도를 빼고 도로를 달리는 자동차에만 한정하면 약 11% 정도가 돼요. 얼마 전까지 자동차는 거의 모두 석유나 가스 같은 화석 에너지를 이용해서 움직였어요. 그런데 10여 년 전부터 전기 자동차가 등장해서 퍼지기 시작하더니 2023년에는 전 세계에서 새로 판매되는 자동차 5대 중 거의 1대가 전기 자동차가 되었어요. 중국에서는 2024년에 판매된 자동차 중 절반 정도가 전기 자동차였어요. 2018년에는 전 세계에서 판매된 자동차 50대 중 1대가 전기 자동차였으니 5년 동안 10배나 증가한 것이지요.

이렇게 전기 자동차가 빠르게 보급된 이유는 주로 이산화 탄소 배출을 줄이기 위해 각국 정부에서 제공하는 보조금과 값싼 연료비 때문이라고 할 수 있어요. 물론 나라에 따라서는 국민의 높은 환경 의식도 한몫했을 수 있지요.

전기 자동차는 이산화 탄소 배출과 에너지 효율이란 면에서 내연 기관 자동차에 비해 어떤 장점이 있을까요? 전기 자

기후 변화를 해결하는 데 도움이 되는 전기차가 더 빠르게 보급되지 않는 이유는 내연 기관차보다 비싸기 때문이다. 사진(위) Pixabay ©JACLOU_DL 사진(아래) Pixabay ©LeeRosario

동차는 배터리에 저장되어 있는 전기로 달리기 때문에 도로에서 달리는 동안 이산화 탄소 배출은 0이에요. 하지만 전기 자동차에 대해 비판적으로 보는 사람들은 배터리의 원료로 사용되는 리튬을 채굴할 때 필요한 에너지, 배터리를 제조할 때 들어가는 에너지, 그리고 다른 부품 생산에 들어가는 에너지를 모두 고려하고, 특히 배터리에 저장되는 전기가 화력 발전소에서 공급된다면 내연 기관 자동차보다 더 많은 이산화 탄소를 배출한다는 주장도 해요. 이런 비판에 대해서 미국 연방 환경청에서는 그런 주장이 잘못된 신화에 불과하다고 이야기해요.

배터리를 생산하기 위해서는 여러 단계에서 에너지가 많이 들어가기 때문에, 이산화 탄소가 많이 나오는 것은 사실이에요. 그러나 전기 자동차가 배터리의 수명이 다할 때까지 달리면 이산화 탄소는 내연 기관차에 비해 훨씬 적게 나와요. 전기 자동차에 설치되어 있는 배터리로는 약 25만 킬로미터를 달릴 수 있다고 하는데, 미국 연방 환경청에서는 이 정도 거리를 달렸을 때 전기 자동차의 이산화 탄소 배출량은 내연 기관차의 50%도 안 된다고 이야기해요.

이산화 탄소 배출량을 가지고 비교할 때, 전기 자동차는

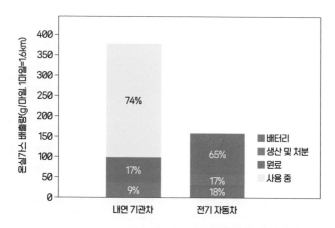

내연 기관차와 전기 자동차가 전체 생애 기간 중 배출하는 온실가스(미국 연방 환경청)

오래 달릴수록 내연 기관차보다 유리해요. 이유는 간단해요. 내연 기관차와 전기 자동차의 에너지 이용 효율이 아주 크게 차이가 나기 때문이에요. 내연 기관차는 투입된 석유 에너지의 20% 정도만 달리는 데 사용해요. 나머지 80%는 열로 공중에 버려지지요. 반면에 전기 자동차는 배터리에 저장된 전기의 90%가 도로를 이동하는 데 사용되고 나머지 10%가 버려져요. 그러니 배터리에 저장되는 전기가 비록 화력 발전소에서 생산된 것이라 해도 전기 자동차의 전체 에너지 이용 효율이 더 좋게 되는 거예요.

화력 발전소의 에너지 효율은 약 35%예요. 예를 들어 석유 100이 발전소에 들어가면 35가 전기로 바뀌어서 전기 충전소 같은 곳으로 보내진다는 것이지요. 여기에서 전기 자동차가 배터리를 충전해서 90%를 이동에 사용하면, 전체 에너지 효율은 31.5%가 되니까 전기 자동차가 화석 연료 전기를 사용하는 경우에도 내연 기관차보다 이산화 탄소를 더 적게 배출하는 거예요.

그런데 만일 충전소의 전기가 태양광 발전소 같은 곳에서 생산된 것이면 이 전기를 사용하는 전기 자동차는 이산화 탄소를 전혀 배출하지 않게 되지요. 그러니까 배터리를 생산할 때 이산화 탄소가 많이 배출된다고 해도 전기 자동차를 오랫동안 사용하면 전체 이산화 탄소 배출량은 내연 기관차보다 훨씬 작아지는 거예요.

이렇게 전기 자동차가 기후 변화를 해결하는 데 도움이 되고 에너지 효율도 훨씬 좋은데, 왜 더 빠르게 보급되지 않는 걸까요? 그 이유는 전기 자동차가 지금 당장의 판매 가격만 비교하면 내연 기관차보다 상당히 비싸다는 것 때문이에요. 현대자동차의 내연 기관차 그랜저는 3700만 원가량인데, 전기 자동차 아이오닉 5는 4700만 원 정도 하거든요.

물론 한번 구입해서 20만 km 이상 달리면 연료비와 수리비가 적게 나오기 때문에, 이 비용을 모두 고려하면 전기 자동차가 훨씬 쌀 수 있어요. 하지만 '앞으로 10년 이상 전기차를 계속 사용하면 비용을 많이 절약할 수 있구나. 그러니 지금 바로 더 많은 돈을 주고 전기차를 사야지.' 하고 마음먹는 사람은 많지 않아요. 당장의 주머니 사정을 먼저 고려하는 게 대다수 사람의 마음이니까요. 그래서 여러 나라 정부에서는 보조금을 주어서라도 기후 변화 해결에 도움이 되는 전기 자동차를 보급하려는 것이지요.

배터리의 성능이
좋아진다

전기 자동차를 널리 보급하려면 항상 보조금을 주어야 하는 걸까요? 전기 자동차가 이렇게 비싼 이유는 무엇일까요? 그 이유는 바로 전기 자동차를 운행하기 위해서는 배터리가 많이 필요하기 때문이에요.

전기 자동차에 들어가는 배터리는 리튬 이온 배터리인데, 가격이 상당히 높아요. 테슬라에서 생산하는 전기 자동차 중에서 가장 잘 팔리는 모델 Y라는 자동차의 배터리는 70킬로와트시(kWh) 정도예요. 70킬로와트시(kWh)가 얼마나 많은 것인지는 아이폰에 들어가는 리튬 이온 배터리의 용량과 비교하면 짐작할 수 있어요. 아이폰 배터리는 모델마다 차이가 있지만 약 15와트시(Wh) 내외예요. 테슬라 모델 Y의 배터리는 70000와트시(Wh)이니 아이폰 배터리가 약 4670개, 엄청나게 많은 양이 필요한 것이지요.

아이폰의 작은 배터리도 교체하려면 10만 원 이상 들어가니 전기 자동차 배터리 가격이 매우 높을 것이라는 생각을 할 수 있겠지요. 물론 아이폰 배터리 가격의 4670배는 아니에요. 대략 200배 정도 될 텐데, 이 비용이 자동차 가격에 포함되어야 하니 전기 자동차가 비싸질 수밖에 없는 거예요. 전기 자동차 가격 전체에서 배터리가 차지하는 비중은 20% 정도 된다고 해요. 전기 자동차가 지금보다 빨리 보급되려면 배터리 가격이 낮아져야 하겠지요. 배터리가 싸져서 전기 자동차 가격이 내연 기관차와 같아지거나 더 낮아지면, 사람들이 전기 자동차를 사지 않을 이유가 없어질 테니까요.

그러면 이제 배터리 가격이 앞으로 어떻게 될지 살펴보기로 해요. 현대자동차에 들어가는 배터리 중에서 가장 성능이 뛰어난 것은 리튬 이온 배터리예요. 내연 기관차에도 적은 용량이지만 배터리가 들어가요. 연료를 점화하거나 자동차에서 사용되는 전기를 공급하기 위해서 필요하기 때문이에요. 그런데 내연 기관차에서는 배터리가 약간의 전기를 공급해 주는 보조 수단이기 때문에, 성능이 좋을 필요가 없어요. 그래서 리튬 이온 배터리가 아니라 개량된 납산 배터리(납축전지)를 사용해요. 그런데 납산 배터리와 리튬 이온 배터리는 에너지 밀도와 충방전 사이클 수에서 큰 차이가 나요.

배터리의 에너지 밀도란 만들어 낼 수 있는 에너지의 양을 질량(무게)으로 나눈 것이에요. 화석 에너지 중에도 에너지 밀도가 높은 것과 낮은 것이 있어요. 석유는 석탄보다 에너지 밀도가 훨씬 높지요. 석유 1kg은 약 12킬로와트시 (kWh)로 석탄 1kg이 만들어 내는 약 7킬로와트시(kWh)보다 70%나 더 많은 에너지를 내놓거든요. 배터리의 경우 테슬라 자동차에 들어가는 리튬 이온 배터리의 에너지 밀도는 약 0.26kWh/kg, 납산 배터리는 0.04kWh/kg으로 리튬 이온 배터리의 에너지 밀도가 6배 이상 높아요.

충방전 사이클은 배터리에 전기가 충전되었다가 방전되고 그 후 또다시 충전되는 과정을 말해요. 방전되면 다시 충전을 해야 전기를 사용할 수 있으니 충전 – 방전 – 충전은 계속되는 것이에요. 그런데 이 충전 – 방전을 무한히 할 수 있는 것은 아니에요. 배터리마다 그 숫자가 다른데, 이것을 충방전 사이클 수라고 말해요.

테슬라 전기 자동차에 들어가는 리튬 이온 배터리의 충방전 사이클 수는 대략 1500회인데 비해 납산 배터리의 충방전 사이클 수는 500회 정도 돼요. 테슬라에서는 1500회의 충방전을 통해서 약 45만 킬로미터를 달릴 수 있다고 이야기하지요. 그러니 어떤 배터리의 충방전 사이클 수가 높으면 높을수록 그것의 성능도 좋다고 할 수 있어요. 그만큼 오래 사용할 수 있고, 처음 가격이 비싸더라도 전체 사용 기간을 고려하면 가격 면에서도 유리하다고 할 수 있지요.

리튬 이온 배터리는 에너지 밀도가 다른 배터리보다 높기는 하지만, 석유와 비교하면 50분의 1밖에 되지 않아요. 이 말이 의미하는 것은 내연 기관차에 40kg의 석유를 넣고 갈 수 있는 거리를 전기 자동차로 가려면 약 100킬로와트시(kWh)의 전기를 저장할 수 있는 배터리를 넣어야 한다는 것이에요. 석유 40kg은 480킬로와트시(kWh)의 에너지를 내놓을 수 있는데, 그중 20% 정도가 이동에 사용되니까 배터리의 용량은 약 100킬로와트시(kWh)가 되어야 한다는 것이지요. 그런데 리튬 이온 배터리의 에너지 밀도는 0.26kWh/kg이니 100킬로와트시(kWh) 배터리의 무게는 약 400kg이 될 것이고, 그 결과로 전기 자동차는 보통 내연 기관차보다 무겁지요. 하지만 배터리의 성능이 좋아지면 이 무게 차이도 줄어들게 될 거예요.

배터리의 성능이 좋아진다는 것은 에너지 밀도가 높아진다는 것과 가격이 낮아진다는 것을 말해요. 사실 전기 자동차의 가격이 높은 이유는 배터리가 많이 들어가기 때문이에요. 리튬 이온 배터리의 에너지 밀도는 1990년대에 처음 등

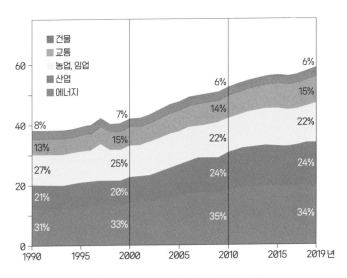

전 세계의 분야별 온실가스 배출(이산화 탄소 등량. 기가톤/ 미국 연방 환경청)

장했을 때부터 계속 높아졌어요. 약 30년 동안 3배 이상 증가했는데, 이러한 발전은 앞으로도 계속될 것으로 예상돼요.

배터리의 가격은 계속 낮아졌어요. 2015년부터 2023년까지 8년 동안 리튬 이온 배터리 가격은 3분의 1 이하로 떨어졌어요. 그리고 2027년경에는 2023년의 절반으로 떨어질 것으로 예상되고 있어요. 이렇게 에너지 밀도는 높아지고 배터리 가격이 떨어진다면 전기 자동차의 무게는 가벼워지고 가격도 많이 낮아지게 되겠지요. 가격이 낮아지면 전기 자동차는 보조금 없이도 내연 기관차와 충분히 경쟁을 할 수 있게 될 거예요.

만일 전 세계의 모든 자동차가 전기 자동차로 바뀐다면 이산화 탄소 배출량은 얼마나 줄어들 수 있을까요? 이때 중요하게 고려해야 할 점은 전기 자동차의 배터리에 저장되는 전기가 어디에서 생산되는가예요. 모두 화력 발전소에서 생산된 전기라면 줄어드는 이산화 탄소의 양은 많지 않을 거예요. 그러나 태양광 발전이나 풍력 발전으로 생산된 것이라면 감소되는 양이 아주 많겠지요. 이럴 경우에는 전 세계 배출량의 10%는 줄어들 거예요.

전 세계 자동차 수는 2023년에 약 14억 7000만 대였고, 그

중에서 전기 자동차는 4000만 대가량 되었어요. 이산화 탄소 배출 10% 감소가 가능해지려면 나머지 자동차가 모두 전기 자동차로 바뀌어야 할 텐데, 그런 일이 언제 일어날 수 있을까요? 2022년에서 2023년 1년 동안 전기 자동차는 50% 정도 증가했어요. 만일 그 후로도 매년 그만큼씩 증가한다고 가정하고 14억 7000만 대가 되는 때를 계산하면, 2035년경이 나와요. 그리고 그때 배터리 충전에 들어가는 전기가 모두 재생 가능 에너지로 생산된다면 이산화 탄소 배출량 10% 감소는 달성될 거예요.

고속 충전기가
주유소만큼 설치된다면?

전기 자동차가 많이 보급되려면 해결되어야 할 문제가 또 있어요. 바로 충전 시설이에요. 많은 사람이 전기 자동차 사는 것을 꺼려 하는 이유 중 하나는 충전하는 게 불편하고 한 번 충전해서 갈 수 있는 거리가 짧다는 거예요. 불편한 이유는 충전 시설을 만나기가 쉽지 않고 충전 시간이 오래 걸리기 때문이에요.

내연 기관차는 길거리 곳곳에 있는 주유소에서 기름을 넣으면 다시 달릴 수 있어요. 기름 넣는 시간도 몇 분이면 충분하지요. 반면에 전기 자동차의 가장 불편한 점은 충전 시설을 만나더라도 배터리를 꽉 채우는 데 걸리는 시간이 한 시간가량 걸린다는 거예요. 이 문제가 해결되어야 2035년까지 전기 자동차가 내연 기관차를 모두 몰아낼 수 있을 거예요.

전기 자동차 회사들은 이 문제를 고속 충전기를 많이 설치해서 해결하려 해요. 고속 충전기는 가격이 비싸지만 우리가 스마트폰을 충전할 때 사용하기도 하지요. 스마트폰의 보통 충전기는 충전 시간이 3시간 정도 걸려요. 하지만 성능이 아

전기차는 충전하는 게 불편하고 한 번 충전해서 갈 수 있는 거리가 짧다. 전기차 회사들은 고속 충전기를 많이 설치해서 이 문제를 해결하려 한다. 사진(위) Pixabay ⓒmmurphy 사진(아래) Pixabay ⓒBlomst

주 좋은 고속 충전기는 1시간이면 충전이 완료되어요.

전기 자동차는 집에서도 충전을 하는데, 이때는 10시간 이 상 걸리기도 해요. 주민 센터 같은 곳에 있는 충전 설비를 사 용하면 2~3시간 걸리는데, 초고속 충전기의 경우에는 30분 정도 걸려요. 이렇게 크게 차이 나는 이유는 충전 전압이 다 르기 때문이에요. 집의 전압은 보통 220볼트(V)예요. 이 전 압으로 용량이 70킬로와트시(kWh) 되는 전기 자동차 배터 리를 충전하려면 7킬로와트(kW)의 전기를 10시간 동안 보 내 주어야 하지요. 그런데 와트(W)는 전압과 전류를 곱한 것 이니까 이때 전류는 3암페어(A)가 조금 넘어야 해요.

우리가 집에서 사용하는 가전 기구 중에서 전기를 가장 많 이 쓰는 것은 전기 오븐으로 용량은 3킬로와트(kW) 정도예 요. 전기 자동차에 충전하는 전기의 절반도 안 되지요. 그런 데 이것도 가정에서는 아주 높은 것으로 자칫 위험해질 수 있기 때문에, 전선을 조명용보다 훨씬 굵은 것을 사용하고 차단기도 따로 만들어서 연결해요. 그래도 전선에서 열이 좀 발생하지요. 이 전선을 전기 자동차 충전기용으로 사용하면 훨씬 더 많은 열이 발생하겠지요. 그래서 가정용 전기 자동 차 충전용 전선은 엄지손가락보다 더 굵은 것을 사용하는 거예요.

70킬로와트시(kWh)의 전기 에너지를 30분에 배터리에 채우려면 어떤 기술을 써야 할까요? 원리는 간단해요. 140킬로와트(kW)의 전기를 배터리에 넣어 주면 되니까, 전압을 크게 올리거나 전류를 높이면 돼요. 그런데 전압은 그대로 두고 전류를 높이면 전선이 엄청나게 굵어져야 해요. 주택 충전용 전선을 쓰면 절대 안 돼요. 어마어마한 열이 발생해서 전선이 녹고 화재가 발생하기 때문이에요. 220볼트(V)로 140킬로와트(kW)를 만들려면 전류는 630암페어(A)가 되어야 하는데 이런 조합으로는 전선이 너무 굵어지고 무거워져서 들기도 어려워질 거예요.

반대로 전압을 높이면 전선 굵기는 그대로 유지하고도 140킬로와트(kW)의 전기를 만들 수 있어요. 전류가 10암페어(A)면 전압은 14킬로볼트(kV), 전류가 20암페어(A)면 전압은 700볼트(V)면 되는 거니까요.

테슬라에서는 전 세계에 6만 개 이상의 수퍼차저라는 이름의 고속 충전기를 설치해서 운영하고 있는데, 여기서는 최대 250킬로와트(kW)의 전기를 공급해 주고 있어요. 1시간 동안 250킬로와트시(kWh)의 전기를 충전할 수 있으니, 70킬로와트시(kWh) 배터리를 충전하는 데 걸리는 시간은 17분 정도밖에 안 돼요. 이 충전 속도는 앞으로 더 빨라질 거예요.

우리나라 광주과학기술원에서는 3분 만에 충전을 끝낼 수 있는 기술을 개발했다고 해요. 이 기술을 사용하면 테슬라 수퍼차저의 250킬로와트(kW)보다 거의 6배나 되는 1440킬로와트(kW)의 전기를 공급해 줄 수 있다고 해요. 이 기술의 핵심은 전선을 냉각하는 것이에요. 물론 고속 충전기의 전선도 액체로 냉각을 해 줘요. 전선에 흐르는 전기가 더 많아질수록 더 많은 열이 발생할 수밖에 없으니까요. 이 열을 식히는 기술이 충전 속도를 좌우할 텐데 광주과학기술원에서는 아주 뛰어난 냉각 기술을 개발한 것이지요.

이렇게 충전 기술이 계속 발달하고, 충전 시설이 더 많이 들어서고, 더불어서 배터리의 성능이 좋아지면 앞에서 계산했듯이 2035년경에 전기 자동차가 내연 기관차를 몰아내고 전 세계를 누비게 될까요? 그때까지 10년 정도 남았는데 정말 가능한 걸까요? 보통 사람들은 물론이고 많은 전문가도 그렇게 되기는 어려울 것으로 생각해요.

블룸버그 신에너지재단에서 2024년에 낸 보고서에서는 2040년에 전기 자동차 판매 대수는 8000만 대 가까이 될 것이고, 전기 자동차 수는 전체의 45%가 될 것이라고 말하고 있어요. 지금 매년 판매되는 자동차 수가 9000만 대 정도이니 그때는 판매되는 자동차 대부분이 전기 자동차인 거예요. 하지만 그전 10여 년 동안 팔린 내연 기관차가 있으니 전체 자동차 대수에서는 절반에도 못 미치는 것이지요.

우리나라도 가입되어 있는 국제에너지기구(IEA)에서는 2035년에 전기 자동차는 자동차 판매 대수의 거의 절반, 전체 대수의 30% 정도 차지할 것으로 예상해요. 2035년 전기 자동차 100%는 가능하지 않다는 것이 위 두 기관의 공통된 의견인 것이지요.

이게 가능할 것인지는 시간이 지나면 자연스레 드러날 것이지만, 우리가 과거의 사례를 살펴보면 2035년 전기 자동차 100%가 가능할 것 같기도 해요. 1900년 뉴욕의 주요 이동 수단은 마차였어요. 다음 페이지 사진에서 볼 수 있듯이 도로에 들어찬 이동 수단은 대부분 마차이고 그중 한 대만 자동차예요. 그런데 1913년에 같은 도로를 꽉 채운 것은 마차 한 대만 빼고 모두 자동차예요. 13년 만에 거의 모든 마차가 자동차로 바뀐 것이지요. 대단히 빠른 속도로 변화가 일어난 것인데, 전기 자동차에서도 이런 일이 얼마든지 일어날 수

1900년 뉴욕의 주요 이동 수단은 마차였다. 그런데 1913년에는 자동차로 바뀌었다. 대단히 빠른 속도로 변화가 일어난 것이다. 위쪽 원 안이 자동차, 아래쪽 원 안이 마차. 사진 National Archive

있어요.

앞으로 전기 자동차는 지금까지 진행된 것보다 더 빠른 속
도록 퍼져 갈 거예요. 그러면 2035년경에는 1913년 뉴욕의 도
로와 같이 전 세계 거의 모든 도시에서 전기 자동차만 달리게
될 거예요. 벤츠, 폭스바겐, 도요타 같은 유명 내연 기관차 회
사들이 아무리 저항을 해도 이 추세는 막지 못할 거예요.

교통수단의 변화와 혁신

자율 주행차,
우리의 미래를 어떻게 바꿀까?

내연 기관차가 사라지는 일은 완전 자율 주행차가 등장하면 더욱 빠르게 진행될 거예요. 완전 자율 주행은 운전하는 사람 없이 자동차 혼자 도로를 달려서 목적지까지 가는 거예요. 자동차가 혼자 움직이니 로봇 같은 것이지요. 중국과 미국의 어떤 도시에서는 운전자 없이 운행하는 전기 자동차 택시가 있어요. 그런데 이런 택시가 전기 자동차여야만 할까요? 그 이유는 자율 주행이 내연 기관차에는 적용하기 어렵기 때문이에요.

자율 주행을 위해서는 전기가 많이 필요하고, 또 내연 기관차는 구동 장치들이 모두 기계식으로 움직이기 때문에 돌발 상황에 맞추어 빠르게 대처하기가 어려워요. 반면에 전기 자동차는 필요한 전기가 배터리에서 충분히 공급될 수 있고, 전기 모터만 제어하면 되기 때문에 자율 주행에 적합한 것이지요. 자율 주행 택시는 2024년에는 미국과 중국 몇 개 도시에서 운행 중이지만, 2026년경에는 자율 주행차가 미국 전역에서 달리게 될지도 몰라요.

샌프란시스코 시내에서 운행 중인 자율 주행 택시 웨이모. 누구나 앱을 이용해 웨이모를 탈 수 있다.
운전석에 사람이 없고, 거리에 사람이 지나가면 저절로 멈춘다. 사진 ⓒWorny

자율 주행차와 관련해서 우리에게 금방 떠오르는 몇 가지 의문이 있어요. 자율 주행차는 운전자가 없는데 충전을 어떻게 할까, 또 이 차를 택시로 사용하면 도로를 거의 하루 종일 달릴 텐데 청소는 누가 할까 같은 것 말이지요. 충전은 무선 충전을 하면 간단하게 해결돼요. 스마트폰도 무선 충전기가 나와 있는데, 전기 자동차용은 그것보다 더 넓은 무선 충전기로 전기를 공급해 주면 되는 거예요. 이때 충전이 얼마나 빨리 이루어지는가 하는 것은 충전을 기다리는 운전자가 없기 때문에 크게 중요하지 않아요.

　테슬라에서는 2024년 10월에 로보택시라는 자율 주행차를 소개하는 행사에서 무선 충전 장치가 돌아가는 장면도 보여 주었어요. 여기서는 배터리를 80% 정도까지 충전하는 데 걸리는 시간이 1시간가량인 것으로 나왔어요. 로보택시가 달리다가 사람을 내려 준 후 충전이 필요하다는 신호가 나오면 무선 충전 시설로 가서 1시간가량 충전하고 다시 달리면 되는 거지요. 청소도 로봇을 사용하면 간단하게 해결돼요. 테슬라의 행사에서는 로봇 팔처럼 생긴 장치가 자율 주행 택시 바닥에 떨어진 과자 부스러기를 완벽하게 치워 주는 장면이 있었지요.

완전 자율 주행 자동차가 널리 보급되면 우리 생활에 어떤 변화가 생길까요? 자동차로 이동하는 일이 지금보다 훨씬 편리해질 것은 분명하겠지요. 부르면 언제든지 올 수 있으니 교통이 불편한 지역에서도 어느 때나 이용할 수 있고, 인공 지능에 의해서 거의 완벽하게 제어되기 때문에 돌발적인 위험 상황이 발생해도 사람이 운전할 때보다 더 안전할 것이고요.

요금도 사람이 운전하는 택시보다 더 싸질 거예요. 인건비가 들어가지 않고, 24시간 운행되고, 전기를 사용하기 때문이지요. 2024년에 테슬라에서는 로보택시 요금이 1km에 300원 정도 될 것이라고 발표했어요. 미국의 일반 택시 요금과 비교하면 10분의 1 정도밖에 안 되니 정말 싼 것이지요. 택시 요금이 낮은 우리나라에서도 다르지 않아요. 서울에서 부산까지의 거리가 약 430km인데, 이 택시를 타고 가면 요금이 129,000원이 나와요. 2024년에 서울에서 부산까지 택시를 타면 요금이 40만 원 정도 나오니까 훨씬 싼 것이지요. 그런데 이런 편리함과는 전혀 다른 차원의 변화도 올 수 있어요.

자율 주행을 하는 로보택시가 훨씬 더 안전하고 이용이 편리하고 요금까지 싸진다면 자기 자동차를 소유하려는 사람들이 크게 줄어들 것이고, 이것이 아주 큰 변화를 가져올 것

2024년 9월 26일 서울시 강남구에서 심야 자율 주행 택시가 운행을 시작했다. 사진 서울시

이니까요. 이런 로보택시를 언제 어디서나 이용할 수 있게 되면, 처음에 많은 돈이 들어가고 운영비도 계속 지불해야 하는 자기 차를 가질 필요가 없어져요. 소수의 돈 많은 사람들이나 차를 소유하려 할 거예요. 그러면 전체 자동차 대수가 크게 줄어들게 돼요. 그리고 말할 것도 없이 거리나 주차장에 몇 시간에서 거의 하루 종일 서 있는 자동차의 수도 크게 줄어들게 되고요.

자율 주행 택시 이용이 널리 퍼지게 되면 현재와 같은 노선버스도 많이 없어질 거예요. 짧은 거리를 효율적으로 빠르게 이동하는 소형 노선버스들은 늘어날 것이고요. 이렇게 되면 어떤 결과가 나타날까요? 주차장이 대부분 필요 없어지고, 도로가 넓어야 할 이유도 사라지게 돼요. 지금 대도시에서 주차장은 도시 면적의 많은 부분을 차지해요. 미국 도시의 도심에서 주차장이 차지하는 면적은 20% 정도 된다고 해요. 우리나라 서울시에서는 전체 면적의 10%가 넘어요. 그런데 남산이나 북한산 같은 산을 제외하고, 사용할 수 있는 면적을 기준으로 계산하면 20% 가까이 돼요.

자율 주행 자동차들은 추월하거나 속도위반과 신호 위반을 하지 않아요. 인공 지능에 의존해 서로 소통하면서 이동하기 때문에 매우 효율적으로 목적지에 도달할 수 있어요. 난폭 운전 같은 것은 찾아볼 수도 없어요. 다시 말해서 가장 가까운 길, 빨리 갈 수 있는 길을 선택해서 안전하고 빠르게 이동할 수 있다는 것이지요.

그러면 도로가 얼마나 필요할까요? 추월, 속도위반, 신호 위반, 사고가 거의 없고 자율 주행차들이 간격을 맞춰서 조용하게 달려가는데, 도로가 넓을 필요가 있을까요? 도시에서 주차장과 도로가 차지하는 땅을 다른 데 사용할 수 있게 되지요. 공원을 더 늘리고, 인도와 자전거 도로를 넓히고, 필요한 건물을 더 지을 수 있게 되는 거예요.

이런 변화만 일어나는 것이 아니에요. 전 세계 14억 대 이상의 자동차가 크게 줄어드는 변화가 일어날 거예요. 개인 자동차, 오토바이, 택배 트럭의 숫자가 크게 줄어들고, 이에 따라 이런 운송 수단의 생산과 운행에 들어가는 에너지도 줄어들 거예요. 당연히 이산화 탄소 배출량도 크게 감소할 것이고요.

전 세계 자동차 14억 대 중에서 승용차는 약 10억 대예요. 미국은 2020년경에 2억 5천만 대였는데, 2030년경에 자율 주행 자동차가 널리 퍼지면 그것의 5분의 1도 안 되는 4400

만 대로 줄어들고, 생산되는 자동차의 수도 70% 감소한다는 연구가 나와 있어요. 한마디로 말해서 자율 주행 자동차가 전 세계에 보급되면, 전 세계 이산화 탄소 배출량 중 자동차 운행으로 발생하는 11%의 이산화 탄소가 거의 제로가 될 수 있다는 것이에요.

그린 연료를
개발하는 방법

앞에서 교통 분야에서 발생하는 온실가스가 전체 온실가스 배출량의 16% 정도라고 했지요. 그중 11%가 자동차에서 배출되니, 나머지는 비행기나 선박, 그리고 철도에서 발생할 거예요. 그러면 이런 교통수단에서는 어떤 기술이 나타나서 온실가스 배출이 줄어들게 될까요? 자동차처럼 배터리에서 공급되는 전기로 움직이게 할 수 있을까요?

작은 비행기나 배는 가능할 거예요. 멀리 가지 않으니 전기가 많이 필요하지 않아 배터리를 많이 설치하지 않아도 되기 때문이지요. 하지만 저 멀리 대륙에서 대륙으로 이동하는 컨테이너 선박이나 대형 비행기는 그렇게 할 수 없어요. 에너지는 많이 필요한데 배터리의 에너지 밀도가 낮아서 만일 전기로 이동하려 하면 배터리를 아주 많이 실어야 할 것이기 때문이에요. 그러면 무게도 크게 늘어나고 컨테이너나 사람을 실을 공간이 크게 줄어들겠지요. 그렇다면 비행기나 선박에 사용될 수 있는 다른 기술이나 연료로는 어떤 것이 있을까요?

대형 컨테이너 선박들은 보통 중유를 연료로 사용해요. 중유는 무거운 석유라는 의미를 가지고 있는데, 원유를 증류해서 휘발유, 등유, 경유 같은 여러 가지 석유를 뽑아낼 때 거의 마지막에 남는 검은색의 석유예요. 이것은 탄소를 많이 포함하여 에너지 밀도가 높고 값이 매우 싸기 때문에 연료가 많이 필요한 대형 선박에서 사용되고 있어요.

그런데 중유는 연소할 때 많은 양의 이산화 탄소가 배출되고 이것과 함께 매연이 대단히 많이 나와요. 우리가 인천이나 부산의 항구 근처에 가서 숨을 들이쉬면 매연으로 가득한 공기를 금방 느낄 수 있는데, 그 이유가 바로 이 선박들이 중유를 태울 때 나오는 매연 때문이에요. 그러면 선박의 온실가스와 매연을 줄이기 위해서는 어떻게 해야 할까요?

해법은 온실가스와 매연을 훨씬 적게 내놓는 연료와 이 연료로 돌아가는 엔진이나 모터를 개발하는 거예요. 이런 연료로는 천연가스(LNG), 액화 석유 가스(LPG), 메탄올, 암모니아, 수소 같은 것들이 있어요. 이 중에서 천연가스와 액화 석유 가스는 탄소를 가지고 있기 때문에 이산화 탄소를 꽤 많이 배출해요. 물론 중유보다는 훨씬 적게 배출하고, 매연은 거의 내놓지 않지요.

메탄올은 화학식이 CH_3OH이고, 가스나 석유와 달리 땅속에서 퍼 올리는 것이 아니라 화학 공장에서 수소와 이산화 탄소를 가지고 촉매를 사용해서 만들어요. 메탄올을 태우면 이산화 탄소를 배출하지만, 어떤 원료를 사용해서 만드는가에 따라서 이산화 탄소 배출이 중립이 되도록 할 수 있어요. 수소는 전기 분해를 통해서 만들고, 이때 필요한 전기는 재생 가능 에너지로 만들고, 이산화 탄소는 공기 중에서 뽑아내서 사용하면 이 메탄올은 온실가스 제로가 되는 것이지요.

이런 메탄올을 그린 메탄올이라고 하는데, 세계에서 가장 큰 덴마크의 머스크라는 컨테이너 회사는 이런 메탄올을 회사 소유 선박의 연료로 사용하고 있어요. 2024년 초에 컨테이너 16000개를 실을 수 있는 대형 메탄올 선박을 최초로 바다에 띄워서 운항하기 시작했죠. 그리고 2040년경에는 회사의 거의 모든 선박을 그린 메탄올 선박으로 바꿀 계획을 추진하고 있다고 해요.

수소와 암모니아도 어떤 원료로 만드느냐에 따라 온실가스가 배출될 수도 있고, 온실가스 제로가 될 수도 있어요. 수소는 물을 전기 분해해서 만들 수 있지만, 대량 생산할 때는 보통 천연가스(메탄, CH_4)를 뜨거운 수증기와 반응시켜서 만

머스크는 덴마크에 본사를 둔 글로벌 해운 대기업이다. 이 회사는 그린 메탄올을 회사 선박의 연료로 사용하기 시작했다. 2040년경에는 회사의 거의 모든 선박을 그린 메탄올 선박으로 바꿀 계획이다. 사진 Pixabay ⓒseatraveller

들어요. 물론 1톤의 수소가 생산될 때 9톤 가까운 이산화 탄소가 배출돼요. 그렇지만 물을 전기 분해하고, 이때 필요한 전기를 재생 가능 에너지로 생산하면 이산화 탄소는 배출되지 않아요. 이런 수소를 그린 수소라고 부르지요.

암모니아는 수소를 공기 중의 질소와 하버-보슈법이라는 촉매 반응을 통해 만들어요. 이때 천연가스로 만든 수소를 사용해서 암모니아를 합성한다면 아주 많은 양의 이산화 탄소가 배출되지만, 그린 수소를 사용해서 합성하면 이산화 탄소는 배출되지 않겠지요. 그린 수소로 생산한 암모니아는 그린 암모니아라고 해요.

암모니아가 가장 많이 사용되는 곳은 농업 분야예요. 농사에 필요한 질소 비료를 만드는 데 필요하기 때문이에요. 지금은 암모니아 생산에 필요한 수소를 대부분 천연가스를 이용해서 만들기 때문에, 질소 비료 생산 과정에서 배출되는 이산화 탄소의 양은 전체 이산화 탄소 배출량의 2% 정도나 차지해요. 그런데 지금 암모니아를 공기 중의 질소와 재생 가능 전기로 만든 수소로 생산해서 질소 비료로 사용할 뿐만 아니라, 이것을 컨테이너 선박의 연료로 쓰는 기술이 개발되고 있어요.

대형 선박 연료,
가격이 싸야 선택된다

컨테이너 선박의 연료로 사용될 수 있는 수소는 아주 가벼워요. 보통의 기체 상태로는 에너지 밀도가 너무 낮지요. 그래서 그 상태로 선박의 연료로 사용하려면 엄청나게 큰 수소 연료 탱크를 배에 설치해야 해요. 그러면 짐을 실을 공간이 크게 줄어들겠지요. 이 문제를 해결하는 방법은 두 가지예요. 수소를 압축하여 부피를 크게 줄이든지 수소를 액체로 만들어서 배에 싣는 것이에요.

오스트레일리아의 어떤 회사에서는 250기압으로 압축된 수소를 보관할 수 있는 선박용 수소 연료 탱크를 개발했어요. 그리고 2023년에는 세계 최초로 압축 수소를 연료로 사용하는 소형 컨테이너 선박이 네덜란드와 벨기에를 잇는 강에서 운항하기 시작했어요. 물론 여기에 사용되는 수소는 그린 수소로 이산화 탄소가 배출되지 않아요.

이 선박들은 수소를 엔진에 넣고 태워서 동력을 얻는 것이 아니에요. 수소를 연료 전지라는 장치에 통과시키면서 산소와 반응시켜서 물과 전기를 만들어 낸 다음에, 이 전기로 모

c

97

터와 스크류를 돌려서 움직이는 것이에요.

암모니아를 연료로 사용하는 첫 번째 선박도 2024년 봄에 싱가포르에서 운항하기 시작했어요. 암모니아를 특별히 제작된 엔진에 넣고 태워서 동력을 얻는 방식인데, 이때 이산화 탄소는 발생하지 않지만 질소 산화물과 아산화 질소라는 오염 물질이 발생해요. 질소 산화물은 호흡기를 손상시키는 기체이고, 아산화 질소는 독성은 없지만 이산화 탄소보다 온실 효과가 300배나 강한 기체예요.

질소 산화물은 자동차가 달릴 때에도 꽤 많이 발생하지만, 대기로 나가기 전에 자동차에 설치된 촉매를 통해 대부분 제거돼요. 2021년에 우리나라에서 화물차에 투입하는 요소수가 모자라서 큰 소동이 벌어졌는데, 이 요소수가 질소 산화물을 인체에 해가 없는 질소로 만들어 주는 물질이에요. 선박의 암모니아 엔진에도 비슷한 장치를 통해 질소 산화물과 아산화 질소를 제거하는 기술이 개발되고 있지요.

그런데 배터리가 들어간 컨테이너 선박은 수소나 암모니아를 연료로 사용하는 컨테이너 선박에 비해 정말 불리한 걸까요? 앞으로 배터리의 성능이 훨씬 더 좋아지면 배터리 컨테이너 선박이 더 유리해지지 않을까요? 대형 선박에는 배

중국 코스코 쉬핑은 세계 최대 해운 및 물류 기업 중 하나이다. 최근 메탄올 추진 컨테이너선 12척을 발주했다. 또한 현재 두 척의 배터리 컨테이너선도 운항 중이다. 사진 Cosco Shipping

터리보다 암모니아나 수소 또는 천연가스를 연료로 사용하는 것이 훨씬 더 적합하다는 견해가 설득력 있는 것처럼 보이지만, 배터리 컨테이너 선박도 규모는 크지 않지만 제작되고 있어요.

2023년에 중국에서는 양쯔강을 오르내리는 배터리 컨테이너 선박 두 척이 처음 선을 보였어요. 길이가 120m인 이 배에는 50000킬로와트시(kWh)의 배터리가 실려 있는데, 컨테이너 700개를 실어 나를 수 있다고 해요. 자동차 한 대에 들어가는 배터리의 700배나 되는 배터리의 부피는 배 전체 부피의 5%를 차지한다고 해요. 컨테이너 36개를 더 실을 수 있는 부피인데, 이 배가 이산화 탄소와 매연을 내뿜지 않는다는 점을 생각하면 이 정도 손해는 감수해도 되지 않을까요?

앞으로 대형 선박에서 어떤 연료를 사용할 것인가, 배터리 선박이 가능할 것인가는 결국 가격이 결정할 것으로 보여요. 지금은 개발 초기 단계이기 때문에 어떤 것이 가격 면에서 더 나은지는 알기 어려워요. 하지만 시간이 지나면 가격의 윤곽이 드러날 것이고, 이때가 되면 메탄올, 암모니아, 수소, 배터리 중에서 가장 가격 경쟁력이 높은 것이 선택을 받을 거예요.

그린 항공유,
갈 길이 너무 멀어

　이제 하늘을 나는 비행기가 남았네요. 비행기는 어떻게 해야 온실가스가 적게 배출되도록 할 수 있을까요? 비행을 통한 온실가스 배출량은 전체 배출량의 2%가 넘어요. 꽤 많은 양인데, 항공 교통이 증가함에 따라 계속 늘어나고 있어요.

　비행기는 하늘을 날기 때문에 선박과 달리 가능한 한 가벼워야 해요. 연료도 가벼우면서 에너지를 많이 내놓을 수 있는 것을 사용해야 해요. 비행기에서 나오는 이산화 탄소를 줄이는 데는 에너지 밀도가 낮은 배터리보다 액체로 된 그린 연료를 사용하는 것이 더 유리하다는 것이지요. 물론 짧은 거리를 움직이는 드론이나 경비행기는 배터리가 많이 필요하지 않으니 배터리를 이용할 수 있어요. 이미 배터리와 태양 전지로 움직이는 경비행기가 꽤 많이 하늘을 날고 있지요.

　문제는 장거리를 날아가야 하는 대형 여객기나 화물기에는 배터리를 적용할 수 없다는 거예요. 그렇다면 깨끗한 액체 연료가 나와야 할 텐데, 현재 우선 고려되는 것은 그린 메탄올로 만든 그린 항공유예요. 메탄올은 항공유에 비해서 에

항공기는 온실가스를 가장 많이 배출하는 운송 수단이다. 지속 가능한 항공 연료의 도입이 시급하다. 사진(위) Pixabay ©LeeRosario 사진(아래) Pixabay ©ColiNOOB

너지 밀도가 낮아요. 그래서 지금은 그린 메탄올을 석유에서 뽑아낸 항공유와 섞어서 연료로 사용하지만, 이 항공유도 석유가 아니라 그린 수소와 이산화 탄소로 만들면 이 문제는 해결될 수 있을 거예요. 그렇지만 아직 그린 항공유는 연구 중이고 대량 생산이 되려면 상당히 많은 시간이 걸릴 거예요. 무엇보다 그린 항공유 생산과 도입에서 가장 큰 장애물은 일반 항공유에 비해 4배 이상 비싸다는 거예요.

수소를 메탄올로 만들지 않고 직접 비행기의 연료로 사용하는 것도 생각해 볼 수 있어요. 이때 문제는 수소를 반드시 액체 상태로 만들어서 연료 탱크에 넣어야 한다는 거예요. 수소는 영하 253도에서 액체가 돼요. 물리학이나 화학에서 배우는 영하의 최저 온도, 즉 절대 영도가 영하 273도니까 정말 낮은 온도지요. 이런 액체 수소를 연료 탱크에 넣어 주는데, 액체 상태는 계속 유지되어야만 해요. 아주 낮은 온도로 계속해서 냉각해 주어야 한다는 것이지요. 특수한 냉각 장치가 따로 비행기에 설치되어야 하는 거예요.

선박에서와 마찬가지로 비행기에서 수소를 연료로 사용할 경우 수소는 연료 전지를 통과하면서 전기와 물을 만들고, 이 전기가 비행기를 움직이게 돼요. 그렇다면 비행기가 날아가는 동안 계속 많은 양의 수증기가 나오겠지요. 이 수증기는 에어로졸이라는 아주 작은 물방울이 되어서 하늘에 퍼지는데, 이것은 이산화 탄소와 함께 중요한 온실가스로 작용해요. 이산화 탄소는 나오지 않지만 다른 온실가스가 대기 중에 퍼지는 결과를 낳을 수 있다는 것이지요.

액체 수소를 비행기 연료로 사용하려 할 때 넘어야 할 장벽도 비용이에요. 수소를 사용할 때 비용이 정말 비싸다는 것은 수소 자동차를 보면 알 수 있어요. 수소차는 우리나라 현대자동차에서 2005년에 개발했지만 2024년까지 20년 동안 37000대 정도 보급되었을 뿐이에요. 정부에서 3000만 원 이상 보조금을 주기 때문에 그나마 이 정도까지 보급된 것이지요. 전기 자동차 보급과 비교하면 수소차가 아주 미미하다는 것이 드러나요. 전기 자동차는 2013년경부터 보급되었지만 2024년까지 11년 만에 60만 대로 늘어났거든요.

수소 트럭과 전기 트럭,
뭐가 더 나을까?

우리나라에서는 2000년대 초에 전기 자동차보다 수소 차가 미래의 자동차가 될 것으로 판단한 것 같아요. 하지만 2008년경에 테슬라에서 전기 자동차의 시대를 여는 로드스터 스포츠카를 내놓으면서 대세는 전기차가 되었어요. 그 후 우리나라에서도 전기차 개발에 뛰어들어서 여러 가지 전기차 모델이 나와서 많이 팔리고 있지요.

그래도 에너지가 많이 필요하고 장거리를 달리는 대형 트럭에는 수소가 더 적합하다는 주장이 있고 이미 수소 트럭이 생산되고 있지만, 이런 주장도 점점 힘을 잃어 가고 있어요. 테슬라에서 2022년에 세미라는 이름의 대형 전기 화물차를 생산하기 시작했기 때문이에요.

테슬라에서는 2026년부터 이 트럭을 매년 50000대씩 생산할 계획이라고 해요. 현대자동차에서는 엑시언트라는 대형 수소 연료 전지 트럭을 생산해서 2020년부터 유럽에 판매하기 시작했고 2024년 말에 200여 대가 운행 중이에요. 그리고 2025년까지는 모두 1600대를 단계적으로 공급한다고 해요.

대형 트럭에 배터리가 더 적합한가 수소가 더 적합한가는 가격과 운행 거리 그리고 연료 보충이 얼마나 편리한가에 따라 결정될 거예요. 그런데 2026년에 테슬라에서 연간 50000대 생산에 성공한다면 균형추는 전기 쪽으로 급속히 기울어질 거예요.

사실 어쩔 수 없는 경우가 아니라면 교통수단에서 수소를 연료로 사용하는 것은 전기보다 유리할 수 없어요. 효율 면에서 훨씬 불리하기 때문이에요. 수소를 생산하려면 태양광 발전소 같은 곳에서 생산된 재생 가능 전기로 물을 전기 분해해요. 이때 전기 에너지의 90% 정도만 수소로 전달되어 저장되지요. 10%는 없어지는 거예요. 그다음에 수소차에서 연료 전지를 통과하면서 전기를 만들어 내는데, 이때 수소가 가지고 있던 에너지의 50%만 전기로 바뀌고 나머지는 열로 날아가 버리지요. 마지막으로 이 전기로 자동차의 바퀴를 돌릴 때 5% 정도가 사라지니 최종 효율은 43%밖에 안 되는 거예요.

반면에 배터리 전기 자동차는 효율이 90%예요. 같은 양의 전기로 수소차보다 두 배나 더 멀리 달릴 수 있는 것이지요.

엑시언트 수소 전기 트럭. 현대는 2020년 세계 최초로 수소 전기 트럭을 만들었고, 유럽에 판매하기 시작했다. 사진 HYUNDAI

그렇기 때문에 수소는 자동차 같은 것보다는 반드시 수소가 필요한 곳에 사용하는 것이 좋아요.

그렇다면 그런 수소를 반드시 사용해야 하는 곳은 어디일까요? 수소가 에너지를 제공할 뿐만 아니라 원료가 되는 물질과 화학 반응을 해야 하는 곳이에요. 바로 철강을 생산하는 제철소가 그런 곳이지요. 철을 생산하려면 반드시 거쳐야하는 것이 철광석에서 산소를 떼어 내는 환원 반응이에요. 많은 광석이 그렇듯이 철광석은 주로 철과 산소로 이루어져있어요.

순수한 철을 만들려면 철광석에서 철과 산소를 분리해야해요. 그런데 지금까지는 석탄으로 만든 코크스를 투입해서높은 온도에서 반응시켜서 철과 산소를 분리했어요. 이때 코크스의 탄소와 철광석의 산소가 환원 반응을 하고, 많은 양의 이산화 탄소가 생겨나요. 전 세계에서 사용되는 철의 양이 많기 때문에 철강 생산을 통해서 배출되는 이산화 탄소의양은 전체 배출량의 7%나 차지해요. 철강 산업 강국인 우리나라에서는 14%나 차지하고요.

철 생산에서 배출되는 이산화 탄소를 줄이려면 에너지도공급하면서 산소를 떼어 내는 환원 반응도 일으키면서 이산화 탄소는 내놓지 않는 물질이 필요한데 여기에 가장 적합한 것이 수소예요. 그린 수소가 높은 온도에서 철광석과 반응하면 산소를 떼어 내고 철만 남기기 때문이에요. 이때 수소는 산소와 환원 반응을 해서 물을 만들어 내요.

$$\langle Fe_2O_3 + 3H_2 \rightarrow 2Fe + 3H_2O, \ FeO + H_2 \rightarrow Fe + H_2O \rangle$$

수소를 사용해서 철을 만드는 일은 작은 규모지만 이미 진행되고 있어요. 독일의 티센크루프라는 최대 철강 회사에서는 수소를 사용해서 강철을 생산하는 연구에 성공했어요. 그리고 이 성공을 바탕으로 2029년부터 그린 수소를 사용해서 250만 톤의 철을 생산할 수 있는 제철 공장을 건설하고 있어요. 우리나라의 가장 큰 제철 공장인 포스코에서는 2040년이 되어서야 그린 수소로 250만 톤의 강철을 생산할 계획이라고 해요.

수소로 철을 생산하면 석탄을 사용할 때보다 생산비는 꽤 올라가요. 그렇다고 해도 2050년 탄소 중립 달성이라는 전 세계적인 추세를 철강 회사에서도 따르지 않을 수 없을 거예요.

4장

건축물의 온실가스 해결 방안

건축물의
이산화 탄소 배출량이 너무 많아

지금까지 우리는 자동차, 선박, 비행기 같은 교통수단, 그리고 비료나 강철 같은 물품 생산에서 이산화 탄소 배출을 줄이기 위해서는 재생 가능 전기가 반드시 필요하다는 것을 알았어요. 이러한 전기가 있어야 자동차 배터리를 충전하고, 수소를 만들 수 있기 때문이지요. 그렇다면 에너지를 많이 사용하는 공장이나 건축물 같은 곳에서도 재생 가능 전기를 사용하면 이산화 탄소 배출을 줄일 수 있을까요?

공장에서 물품을 생산할 때 로봇을 사용하면 재생 가능 전기로 로봇을 움직일 수 있고, 이산화 탄소는 배출되지 않겠지요. 그런데 전기만 가지고는 물품 생산이 안 되는 산업 분야가 있어요. 바로 화학 산업과 시멘트 산업이에요. 화학 산업에서는 석유 화학 제품을 생산하는데, 이때 화학 반응이 일어나면서 이산화 탄소가 생겨나요. 이 경우에 이산화 탄소 배출량을 줄이려면 생산 과정에서 나오는 이산화 탄소를 따로 모아서 땅속에 가두거나 재활용하는 수밖에 없어요.

시멘트는 생산 과정에서 철 생산에서 배출되는 이산화 탄

전 세계의 건축물에서 사용하는 에너지는, 강철과 시멘트 같은 건축 자재 생산에 들어가는 에너지와 건물 운영에 들어가는 에너지를 모두 합하면 30%가 넘는다. 아주 많은 이산화 탄소가 건물에서 배출되고 있다. 사진(위) Pixabay ⓒMagicTV 사진(아래) Pixabay ⓒPana68

소의 양과 비슷한 양의 온실가스를 내놓아요. 이산화 탄소의 양이 전 세계 배출량의 7%나 되는 것이지요. 그런데 시멘트 생산에서 배출되는 이산화 탄소는 시멘트 원료 중 하나인 탄산 칼슘을 가열해서 분해할 때 생기는 거예요($CaCO_3 \rightarrow CaO + CO_2$). 가열을 위한 연료로는 보통 화석 연료가 사용되지요. 이때 화석 연료를 재생 가능 전기나 수소로 바꾼다고 해도 이산화 탄소는 그대로 배출돼요. 연료를 통해서 이산화 탄소 배출을 줄이는 게 불가능한 것이지요. 그래서 이 분야에서도 이산화 탄소 배출을 줄이려면 이산화 탄소를 따로 모아서 가두어 두는 수밖에 없어요.

그러면 건축물에서 난방이나 냉방을 할 때 나오는 온실가스는 어떻게 줄일 수 있을까요? 지금 우리나라에서는 주로 도시가스나 석유를 사용해서 난방을 하는데, 이런 화석 연료 대신 재생 가능 전기로만 난방을 해서 온실가스 배출을 줄이는 게 가능할까요?

국제에너지기구에 따르면, 강철이나 시멘트 같은 건축 자재 생산에 들어가는 에너지까지 모두 합할 경우 건축물에서 사용하는 에너지는 전체 에너지 사용의 30%가량 돼요. 이산화 탄소 배출량은 26% 정도예요. 우리나라는 25%가량 될 거예요. 아주 많은 양의 이산화 탄소가 건물에서 배출되는 것이지요.

이것을 줄이는 가장 좋은 방법은 건축물의 난방과 냉방 효율을 크게 높이는 것이에요. 다시 말하면 겨울철에 실내 온도를 높일 때 가능한 한 에너지를 적게 사용하고, 냉방을 할 때도 마찬가지로 가능한 한 적은 양의 전기로 실내 온도를 낮추는 것이지요.

난방 효율을 높이는 방법은 두 가지가 있어요. 하나는 건물을 지을 때 난방 에너지가 가능한 한 적게 들어가도록 하는 것이고, 또 하나는 난방할 때 에너지 효율이 가장 높은 난방 장치를 사용하는 거예요. 물론 이때 돈이 많이 들어가면 경제적인 부담이 너무 커지니까 건축 비용 면에서도 가능한 한 효율적인 방식으로 건물을 지어야 하겠지요.

제로 에너지 하우스,
어떤 의미일까?

제로 에너지 하우스라는 말이 있어요. 이 말을 글자 그대로 해석하면 에너지를 하나도 쓰지 않는 건물이라는 게 돼요. 당연히 이산화 탄소도 전혀 배출되지 않겠지요. 하지만 에너지 사용이 제로인 이런 건축물은 존재할 수가 없어요. 건물을 사람이 사용하면 전기를 쓰지 않을 수가 없거든요. 자연인과 같은 식으로 살지 않으면 최소한 전등은 켜야 하니까요.

그래서 제로 에너지라는 말은 에너지 사용 제로가 아니라 건물에서 사용하는 에너지는 모두 건물에서 생산한다, 또는 건물로 들어가는 에너지와 나오는 에너지의 합이 제로라는 것을 의미해요. 그런데 어떤 건물에서 난방, 냉방, 조명, 가전 제품 등에 필요한 모든 에너지를 그 건물 자체에서만 생산하는 것은 비용이 너무 많이 들어요. 우리가 건물을 지을 때 건물 자체에서 생산할 수 있는 에너지는 전기와 지열이에요. 태양광 발전기나 풍력 발전기를 설치해서 전기를 생산하고 깊은 땅속의 열을 끌어 낼 수 있는 장치로 지열을 뽑아 올리는 것 말고는 없어요.

독일 정부에서는 2011년에 고효율 하우스라는 이름의 제로 에너지 하우스를 만들어서 베를린에 전시했어요. 이 건물은 난방, 냉방, 온수, 조명, 조리, 가전제품에 들어가는 모든 에너지를 자체 생산하기 때문에 태양광 발전기로 건물 지붕과 남쪽 벽을 모두 둘러싸고, 전기를 저장하는 배터리, 히트 펌프 등을 설치했는데, 아주 많은 돈이 들었어요. 이 건물은 독일 정부에서 이런 건물도 가능하다는 것을 보여 주려는 모델로 만든 것이기 때문에 널리 보급되기는 어려워요.

이 건물보다 비용이 적게 들어가면서 제로 에너지를 달성하는 방법은 건물로 들어오는 에너지와 건물에서 나가는 에너지의 합을 제로로 만드는 것이에요. 예를 들어 태양광 발전기를 설치해서 낮에 전기가 많이 나오면 외부의 전선을 이용해서 그때 전기가 필요한 다른 건물로 보내는 것이에요. 그리고 밤에 필요할 때는 외부에서 전기를 공급받는 거지요. 이렇게 하면 사용하는 에너지를 모두 자체 생산할 때에 비해 배터리 같은 저장 장치가 필요 없어지니 비용을 상당히 줄일수 있을 거예요.

그런데 이때 건물로 들어오는 에너지가 많다면 나가는 에너지도 많아야 합이 제로가 되겠지요. 다시 말하면 이런 경우에는 건물 자체에서 에너지를 많이 생산해야 한다는 거예요. 태양광 발전기나 지열 설비의 규모가 커져야 하는 거예요. 당연히 건축 비용도 올라갈 것이고, 보급에도 도움이 되지 않겠지요.

그러니 제로 에너지 하우스가 널리 퍼져서 건축물에서 배출되는 이산화 탄소를 줄이려면 먼저 건물을 외부의 에너지를 가능한 한 적게 공급받아도 유지될 수 있도록 만들어야 해요. 난방을 조금만 해도 따뜻하고, 냉방을 적게 해도 쾌적함을 느낄 수 있도록 건물을 지어야 한다는 것이지요.

파시브하우스의
다섯 가지 실현 원리

외부에서 에너지를 적게 공급받아도 유지되는 건물 중에서 가장 비용이 적게 들어가는 것을 파시브하우스라고 해요. 파시브하우스의 건축비는 보통 건물보다 조금 더 많거나 비슷하면서도 난방은 10분의 1 정도만 해도 쾌적한 건물이에요. 기후 변화에 대해 가장 민감한 지역인 유럽에서 빠르게 퍼져 가고 있고, 우리나라에도 소개되어서 조금씩 지어지고 있어요.

파시브하우스가 난방을 조금만 해도 따뜻한 이유는 설계하고 지을 때 몇 가지 유의할 점에 대해 세심하게 신경을 쓰기 때문이에요. 건물을 지으려면 먼저 설계를 해야 해요. 그다음에 건설 노동자들이 설계도에 따라서 건물을 시공하지요. 설계자가 설계를 할 때, 그리고 시공자가 시공을 할 때 얼마나 세심하게 하느냐에 따라서 건물의 최종 품질이 크게 달라져요. 파시브하우스를 실현하려면 그것의 원리에 따라 설계와 시공을 세심하게 하는 것이 중요해요.

파시브하우스의 실현 원리는 다섯 가지가 있어요. 높은 단

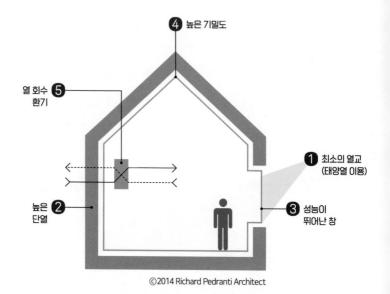

4 높은 기밀도

열 회수 **5**
환기

1 최소의 열교
(태양열 이용)

높은 **2**
단열

3 성능이
뛰어난 창

©2014 Richard Pedranti Architect

파시브하우스 원리

열, 성능이 뛰어난 창, 높은 기밀도, 열 회수 환기, 최소의 열교에 대해서 세심하게 유의하면 파시브하우스가 나오게 돼요. 이 중에서 단열, 창, 환기는 보통 건물에서도 적용하고 있는 거예요. 그래서 오래되어 추운 집을 따뜻하게 만들기 위해 벽에 단열재를 많이 붙이고 창도 이중창으로 바꾸기도 하지요. 아파트에서는 전열 교환기라고 불리는 열 회수 환기 장치도 많이 설치하고요.

하지만 기밀이나 열교는 보통 건물에서는 거의 신경 쓰지 않아요. 기밀도는 건물이 얼마나 밀폐되어 있는가, 다시 말해서 벽이나 지붕 같은 곳에 틈새가 얼마나 있는가를 보여 주는 것이에요. 열교는 에너지가 지나가는 다리라는 뜻이에요. 겨울철에 돌이나 쇠 파이프, 알루미늄 봉을 만지면 아주 차갑지요. 반면에 나무 막대를 만지면 그다지 차갑지 않아요. 그 이유는 쇠 파이프나 알루미늄은 에너지가 아주 잘 지나가지만 나무 막대는 에너지가 잘 지나가지 않기 때문이에요. 만일 건물 벽에 알루미늄 막대가 박혀 있다면 이곳으로 건물 내부의 에너지가 아주 잘 지나가면서 빠져나갈 거예요. 이런 것을 바로 열교라고 해요.

파시브하우스에서 단열은 건물 안의 에너지가 밖으로 빠

져나가는 것을 막거나 지연시키기 위한 것이에요. 단열을 하지 않으면 에너지가 아주 빠르게 빠져나가기 때문에 건물을 따뜻하게 유지하려면 많은 양의 에너지를 공급해야 해요. 난방을 많이 해 주어야 한다는 것이지요. 그러나 단열을 두껍게 잘 해 주면 보온병처럼 실내의 에너지가 잘 빠져나가지 않아 따뜻함이 오래 유지돼요. 단열재는 건물의 지붕, 외벽, 바닥을 외부에서 완전히 둘러싸고, 중간에 끊어지는 부분이 없어야 해요. 끊어진다는 것은 에너지가 빠져나갈 수 있는 곳이 열리는 거예요. 그래서 실내와 외부가 연결되는 다리가 생기는 것이지요. 그러면 실내의 에너지가 이곳을 향해 몰려들어서 빠르게 밖으로 빠져나가게 돼요.

단열재는 특별한 경우에는 건물 내부에 붙일 수도 있지만 가능한 한 외부에 붙여야 해요. 내부에 붙일 경우 내부의 벽체에 의해 단열재가 끊어질 가능성이 높고, 벽에 곰팡이가 생길 가능성도 높아지기 때문이에요. 곰팡이가 생기면 인체에 해로운 포자가 공기 속으로 퍼지게 돼요.

파시브하우스의 창은 단열 성능과 기밀도가 높으면서 햇빛을 많이 통과시키는 것을 사용해요. 그래야 창을 통해서 빠져나가는 에너지를 줄이고, 유리를 통해서 태양 에너지를 많이 받아들일 수 있어요. 창은 유리, 창틀, 개스킷으로 이루어져 있어요. 단열 성능이 높은 창은 단열이 잘 된 유리와 창틀을 사용해서 만들면 돼요. 창의 기밀도를 높이는 방법은 미닫이창이 아니라 여닫이창을 사용하고, 이때 벽에 고정된 창틀과 유리와 함께 움직이는 창틀을 닫았을 때 밀착시켜 주는 개스킷을 사용하는 것이에요.

단열이 잘 된 유리와 창틀로는 어떤 것이 좋을까요? 유리는 여러 겹일수록 단열 성능이 높아져요. 파시브하우스에서는 보통 3겹짜리 유리가 들어간 창을 사용해요. 창틀로는 알루미늄같이 열을 빠르게 전달하는 금속이 아니라 열을 서서히 통과시키는 나무나 플라스틱을 사용하면 돼요.

파시브하우스 창은 햇빛도 많이 통과시켜야 하는데, 유리가 여러 겹일수록 햇빛 통과는 어려워져요. 4겹짜리 유리는 단열을 위해서는 아주 좋아요. 하지만 햇빛은 많이 받지 못해요. 그리고 1겹짜리 유리는 햇빛을 받아들이기에는 가장 좋지만 단열 성능은 크게 떨어져요. 그래서 3겹짜리 유리를 사용하는데, 그래도 가능한 한 태양 에너지를 많이 받아들여야 하기 때문에 색이 전혀 들어가지 않은 맑은 유리를 쓰는 것이 가장 좋아요. 이런 유리는 3겹이라도 햇빛이 가진 에너

1991년 독일 다름슈타트에 세계 최초의 파시브하우스가 건설되었다. 30여 년이 지난 지금도 에너지 효율이 뛰어나다. 사진 Eco Habitat

지의 50%는 통과시킬 수 있어요.

파시브하우스는 기밀도가 아주 높아야 해요. 우리나라의 전통 가옥인 한옥은 기밀도가 낮아요. 벽이나 지붕 여기저기에 틈새가 많은 것이지요. 이에 비해 아파트는 기밀도가 상당히 높아요. 창과 현관문만 빼면 모두 콘크리트로 둘러싸여 있기 때문이지요. 아파트는 전통 한옥보다 기밀도가 10배 정도 높을 거예요.

그런데 파시브하우스의 기밀도는 아파트의 기밀도보다 다섯 배 정도는 더 높아야 해요. 전통 한옥보다는 50배나 더 밀폐가 잘 되어 있는 것이지요. 그렇다고 이렇게 기밀하게 만드는 데 특별한 기술이 필요한 것도 아니에요. 설계를 세심하게 하고, 시공자도 설계자의 지시대로 세밀하게 공사하면 되는 것이에요.

간혹 집이 숨을 쉬어야 건강한 집이라고 말하는 사람들이 있어요. 집도 생물체와 마찬가지로 벽체 같은 곳에서 공기를 빨아들였다가 내놓는 작용을 해야 한다는 것이지요. 이들은 기밀도가 높은 파시브하우스는 사방이 꽉 막혀 있어 집이 숨을 쉬지 못하기 때문에 건강에 나쁘다고 주장하기도 해요. 하지만 파시브하우스에서는 환기 장치를 사용해서 하루 종일 신선한 공기를 공급해 주기 때문에 그들의 주장과 반대로 활발하게 숨을 쉰다고 말할 수 있어요.

우리가 겨울철에 환기를 할 때 창문을 열어서 바깥 공기와 실내 공기를 교환하면 에너지 손실이 많이 일어나요. 차가운 공기가 그대로 안으로 들어와 버리니까요. 그런데 파시브하우스의 환기 장치에서는 열 회수를 하면서 환기를 하기 때문에 차가운 공기가 그대로 안으로 들어오지 않아요.

환기를 할 때 들어오는 공기가 있으면 나가는 공기가 있고, 둘의 양은 똑같아요. 겨울철에 밖으로 나가는 공기는 따뜻하고 들어오는 공기는 차가워요. 만일 이 둘을 얇은 막을 사이에 두고 반대 방향으로 통과시키면, 섞이지는 않으면서 둘 사이에 열전달이 이루어지겠지요. 그 결과 들어오는 공기는 나가는 공기로부터 에너지를 받아서 따뜻해지고, 나가는 공기는 차가워질 거예요. 이게 바로 열 회수 환기의 원리이고, 파시브하우스에서는 이 원리를 이용한 환기 장치를 설치해요. 그 결과 환기 장치를 24시간 가동해도 에너지 손실이 거의 일어나지 않게 되는 거예요.

이렇게 파시브하우스에서는 난방 에너지가 아주 조금 들어가기 때문에 온수, 조명, 가전제품, 냉방에 들어가는 에너지가 더 많이 필요해요. 파시브하우스를 제로 에너지 하우스로 만들려면 이 에너지를 생산해야겠지요. 지붕과 남쪽 벽에 태양광 발전기를 설치하면 그 정도의 에너지는 충분히 생산할 수 있을 거예요. 물론 온수, 조명, 가전제품 등을 위한 설비에 에너지 효율이 매우 좋은 기구를 사용해야겠지요.

　조명은 LED 등기구를, 가전제품과 냉방 장치는 에너지 효율 등급이 가장 높은 것을 사용하면 되지만, 온수는 어떤 방식으로 생산해야 할까요? 전기로 직접 물을 가열해서 만들면 간단하겠지만, 이것보다 훨씬 전기 에너지를 적게 사용하면서 온수를 만드는 방법이 있어요. 바로 히트 펌프를 이용하는 거예요.

에너지 효율이 높은
히트 펌프

히트 펌프를 이용하는 장치로 우리 주변에서 흔히 발견할 수 있는 것은 에어컨과 냉장고예요. 모두 온도를 낮추어 주는 장치인 것 같지만, 반대로 온도를 높여 줄 수도 있는 장치예요. 에어컨 중에는 냉방만 아니라 난방까지 할 수 있는 것이 나와 있어요.

히트 펌프는 간단하게 말해서 주위에 넓고 약하게 퍼져 있는 에너지를 뽑아내고 뭉쳐서 사용하는 장치예요. 이때 에너지를 뽑아내고 뭉치는 과정에서 전기가 투입되는 것인데, 투입된 전기 에너지는 생산되는 에너지보다 거의 대부분 적어요. 히트 펌프 중에는 투입된 전기 에너지보다 3배 이상 많은 에너지를 생산하는 것도 있어요. 에너지를 1 투입해서 3의 에너지를 얻는 것이니 에너지 효율이 대단히 높은 것이지요. 그래서 히트 펌프로 난방이나 온수 생산을 하면 에너지를 크게 절약할 수 있어요.

그런데 히트 펌프는 전기만으로 돌릴 수 있고, 열에너지만 생산할 수 있어요. 전기를 투입해서 전기를 생산하지는 못하는 거예요. 히트 펌프는 열에너지를 만들기 때문에 공기와 물을 모두 가열할 수 있어요. 공기를 가열해서 난방을 할 수 있고, 물을 가열하면 난방과 온수 생산을 동시에 할 수 있는 것이지요. 파시브하우스에 태양광 발전기를 설치하고 여기에서 생산되는 전기를 히트 펌프에 공급하면 난방과 온수 생산이 해결되고, 제로 에너지가 달성될 수 있어요.

파시브하우스, 태양광 발전기, 전기 자동차, 자율 주행, 인공 지능(AI)을 조합하면 비용은 많이 들이지 않으면서 에너지는 가장 효율적으로 사용하는 것이 가능해져요. 모든 에너지를 자체 생산하는 진정한 제로 에너지를 달성할 수도 있을 거예요. 태양광 발전기에서 전기를 생산하고, 남는 전기는 전기 자동차에 저장하고, 인공 지능을 이용해 전기가 가장 많이 생산되는 시간에 가전제품을 사용하면 되는 거지요.

사실 집집마다 가지고 있는 자동차는 달리는 시간보다 서 있는 시간이 훨씬 많아요. 미국의 경우 자동차는 하루 24시간의 95%를 서 있는다고 해요. 미국에서 자동차는 주로 출퇴근용으로 사용하는데, 직장에서 일하는 동안, 집에서 생활하는 동안 자동차를 세워 놓을 수밖에 없어요. 만일 출근과 퇴근에 걸리는 시간이 각각 1시간이라고 하면 92%를 세워

유럽에 수출되는 가정용 히트 펌프 삼성 EHS 실내기와 실외기. 공기 열과 전기를 이용해 온수를 만들 수 있어 화석 연료를 사용하는 보일러보다 효율이 높고 탄소 발생도 적다. 사진 Samsung Newsroom

놓는 것이지요.

이 자동차가 전기 자동차라면 배터리 70킬로와트시(kWh)가 거의 놀고 있는 셈이에요. 그런데 이 차가 출근 후에 자율 주행을 통해서 스스로 다시 집으로 가고, 낮 동안 주택 지붕의 태양광 발전기에서 생산되는 전기로 자동차 배터리가 충전되고, 그 전기가 밤에 사용된다면 완전한 제로 에너지가 되는 거예요. 물론 발전기에서 나오는 전기가 모두 전기 자동차에 충전되는 것은 아니지요. 낮에 세탁기, 건조기, 청소기 등을 돌려야 하니까요. 이때도 인공 지능을 이용해서 전기가 가장 많이 나올 때 이런 가전제품이 돌아가도록 해 놓고 남는 전기는 배터리에 저장되도록 해 놓으면 아주 효율적으로 에너지를 사용하는 제로 에너지 건물, 이산화 탄소 배출 제로 건물이 되는 것이에요.

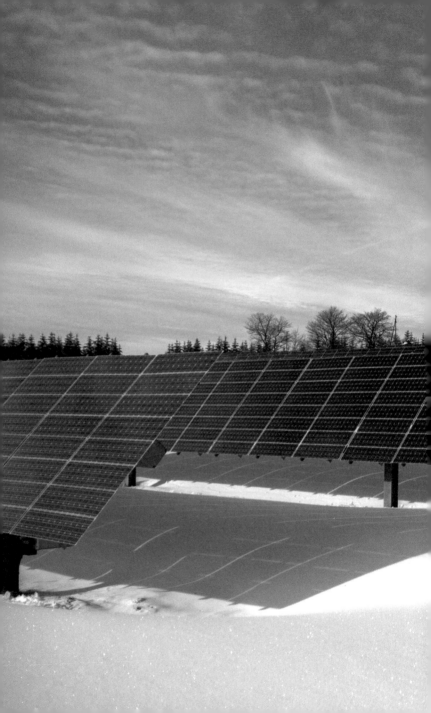

사진 Pixabay ⓒadege

5장

에너지의 원천, 태양

에너지 전환,
지속 가능하고 안전하게

앞에서 교통 분야의 온실가스 배출을 거의 제로로 만들려면 배터리에 충전하는 전기, 물을 전기 분해하는 데 사용되는 전기가 모두 재생 가능 에너지로 생산되어야 한다는 이야기를 했어요. 재생 가능 에너지는 지구상에 다양한 형태로 존재해요. 태양, 바람, 물, 지열, 바이오, 쓰레기, 파도, 조류, 조력, 온도 차 등 많은 것들이 있어요. 그중에서 우리가 앞으로 에너지를 가장 많이 얻어 낼 수 있는 것은 태양과 바람이에요.

이미 태양과 바람은 태양광 발전과 풍력 발전을 통해서 많은 에너지를 만들어 내고 있지요. 물론 이것들로부터 나온 에너지가 인류의 전체 에너지 소비에서 차지하는 비중은 아직 크지 않아요. 하지만 앞으로 온실가스 배출을 줄이고, 기후 변화를 어느 정도는 막으려면 인류가 사용하는 에너지를 거의 모두 태양과 바람을 이용해서 만들어야 해요.

이렇게 화석 연료에서 재생 가능 에너지로 바뀌는 변화를 에너지 전환이라고 불러요. 에너지 전환은 간단히 말해서 우리에게 필요한 에너지를 100% 재생 가능 에너지로 만드는

일출(사진 위)과 일몰. 지구로 들어오는 태양 에너지를 한 시간만 모으면 인류가 일 년 동안 사용하는 에너지를 모두 공급하고도 남는다. 중요한 것은 이 태양 에너지를 어떻게 우리가 사용할 수 있도록 가공하는가이다. 사진(위) Pixabay ⓒAdriansart 사진(아래) Pixabay ⓒBessi

것이라고 할 수 있어요. 조금 철학적으로 이야기하면, 현재의 지속 불가능하고 위험한 에너지 시스템에서 벗어나서 지속 가능하고 안전한 에너지 시스템으로 넘어가는 것이라고 할 수 있어요.

지금 우리가 사용하는 에너지는 대부분 석유, 가스, 석탄, 원자력에서 얻어지고 있어요. 모두 고갈되어 없어지는 것, 지속 불가능한 것이고, 특히 원자력은 체르노빌과 후쿠시마 폭발 사고에서 드러났듯이 매우 위험한 것이에요. 반면에 태양 빛이나 바람은 지구와 태양이 존재하는 한 사라지지 않는 무한 에너지, 지속 가능한 에너지예요. 그리고 이 에너지원을 사용할 때는 원자력 발전소 폭발 사고 같은 것도 절대 일어나지 않아요.

태양은 지구에서 생물이 살아갈 수 있도록 해 주는 에너지의 원천이에요. 지구에서 얻을 수 있는 에너지는 땅속의 지열과 조력만 빼고 모두 태양과 관련이 있어요. 바람은 태양 빛에 의해 따뜻해진 공기가 움직이기 때문에 생겨나고, 수력 발전에서 이용하는 물의 흐름도 태양에 의해 물이 증발한 후 비나 눈이 되어 땅으로 떨어지는 현상을 이용하는 거예요. 목재 같은 바이오 에너지도 태양 빛을 이용한 식물의 광합성을 통해서 만들어진 것이지요. 석유, 석탄, 가스 같은 화석 에너지도 아주 오래전에 태양 에너지를 흡수한 생물체가 변형된 것이에요.

태양은 지구가 탄생한 수십억 년 전부터 지구에 에너지를 제공해 왔고, 지금도 그때와 똑같이 에너지를 공급하고 있어요. 지구로 들어오는 태양 에너지를 한 시간만 모으면 인류가 일 년 동안 사용하는 에너지를 모두 공급하고도 남아요. 중요한 것은 이 태양 에너지를 어떻게 우리가 사용할 수 있도록 가공하는가예요.

인류는 오래전부터 물과 바람을 물레방아나 풍차를 통해 에너지 생산에 이용해 왔어요. 하지만 태양 에너지를 본격적으로 이용하게 된 것은 최근의 일이에요. 태양 빛으로 직접 물을 가열하여 난방이나 온수로 사용하는 태양열 기술은 20세기에 와서 널리 보급되기 시작했고, 태양광 발전은 20세기 말부터 퍼지기 시작했어요. 그리고 21세기에 들어와서야 태양광 발전이 급속하게 성장하게 돼요. 그 결과 2023년에는 태양광 발전을 통해서 생산된 전기가 전 세계 전기 생산의 5.5%를 차지하게 되지요. 국가별로는 크게 차이가 나는데, 그리스, 스페인, 칠레, 오스트레일리아에서는 그 비율이 20%

가까이 돼요. 우리나라는 4.5% 정도로 이 나라들에 비해 한참 뒤떨어져 있어요.

에너지 전환을 통해 지속 가능한 에너지 시스템을 확립하고 기후 변화를 억제하기 위해서는 앞으로 훨씬 더 많은 전기를 태양 에너지로 생산해야 해요. 파시브하우스나 제로 에너지 하우스의 사례에서 보았듯이 전기가 거의 모든 에너지를 공급하게 되거든요. 2050년경에는 인류가 사용하는 전체 에너지의 80% 이상이 전기에서 나오고, 이 전기의 90% 이상이 재생 가능 에너지로, 그리고 이 중에서 50% 이상이 태양광 발전을 통해서 생산되어야 할 거예요.

그런데 이를 위해서는 해결해야 할 문제들이 있어요. 하나는 태양광 발전의 효율을 높이는 것이고, 또 하나는 값싸고 효율적인 저장 장치를 개발하는 거예요. 태양광 발전은 해가 비칠 때만, 풍력 발전은 바람이 불 때만 전기를 생산하기 때문이지요. 햇빛이 강하게 비칠 때 그리고 바람이 세차게 불 때 생산된 전기를 밤이나 바람이 없을 때를 대비해서 저장해야 하거든요.

독일 프라이부르크시에서 신축한 시청사. 거의 모든 창 옆과 지붕에 태양 전지판이 촘촘하게 설치
되어 있다. 사진 프라이부르크시 홈페이지

효율을 높이고
비용을 낮추려면?

태양광 발전소에서는 태양 전지를 이용해서 전기를 생산하는데, 태양 전지는 주로 규소로 만들어요. 이 태양 전지를 여러 개 연결해서 모듈이라고 부르는 태양 전지판을 만들고, 태양 전지판을 서로 연결해서 전기를 생산하지요. 이때 직류 전기가 나오기 때문에 우리가 사용하는 교류로 바꾸어 주기 위해 마지막으로 인버터라는 장치에 연결하게 되지요.

이렇게 계속 연결하는 과정에서 손실이 조금씩 발생하고, 효율은 점점 낮아져요. 그래서 마지막으로 규소 태양 전지판으로 구성된 태양광 발전소에서는 태양 에너지의 20% 정도만 전기로 바꾸어요. 나머지는 열로 버려지니까 효율이 낮다고 할 수 있지요. 사실 20%의 효율도 수십 년 전에 나온 태양광 발전소에 비하면 매우 높은 거예요. 그때는 10%가 조금 넘었으니까요.

하지만 2050년까지 태양광 발전을 더 빠르게 보급하려면 효율을 더 높여야 해요. 지금 효율을 높이는 연구가 한창 진행 중이고, 성과도 나오고 있어요. 서로 성질이 다른 태양광,

예를 들면 가시광선을 흡수하는 태양 전지와 자외선을 흡수하는 태양 전지를 붙여서 효율을 25% 정도로 끌어올린 태양 전지판도 나왔어요. 또 규소가 아닌 다른 물질을 이용해서 효율을 30%로 높인 것도 나왔지요. 효율이 25% 가까이 되는 규소 전지판은 2023년경부터 대량 생산되고 있어요. 효율 30%짜리는 시험 제작은 되었지만 대량 생산은 이루어지지 않고 있고 판매도 되지 않아요.

효율을 높이려는 노력은 앞으로도 계속될 것인데, 2035년까지 30%를 넘어서기는 어려울 거예요. 2013년부터 2023년까지 10년 동안 규소 태양 전지판의 효율은 2% 정도 올라갔어요. 그러니 2035년까지 30% 가까이 올라갈 수는 있겠지만 그 이상이 되지는 않을 거예요. 물론 실험실에서는 페로브스카이트 같은 물질을 이용해서 효율이 40% 되는 태양 전지도 만들어 내지만 이것을 가지고 30년 이상 지속적으로 전기를 생산하는 태양 전지판을 대량 생산하기는 어려울 거예요.

태양광 발전의 효율을 높이려는 연구가 진행되는 것과 더불어 비용을 낮추려는 노력도 계속되고 있어요. 태양광 발전기는 소형의 경우 태양 전지판과 인버터, 지지대로 구성되어 있어요. 인버터는 태양 전지에서 생산된 직류 전기를 우리가 사용하는 교류로 바꾸어 주는 장치예요. 대규모의 경우에는 여기에 변압기 등이 덧붙여지지요.

2000년경에는 태양광 발전기를 설치할 때 비용이 가장 많이 드는 것이 태양 전지판이었어요. 당시에 우리나라에서 발전 용량 100와트(W)짜리 태양 전지판의 가격은 그때 돈으로 80만 원가량, 아주 비쌌어요. 하지만 그 후 20여 년이 지나는 동안 정말 많이 싸졌어요. 2020년경에 우리나라 아파트에 설치된 미니 태양광의 태양 전지판 한 장은 200와트(W)가량 되는데, 가격은 대략 10만 원이에요. 그런데 100와트(W)로 환산하면 약 5만 원이니까 태양 전지판의 가격이 20여 년 동안 16분의 1로 떨어진 것이지요. 인버터의 가격도 태양 전지판과 마찬가지로 15분의 1 이하로 떨어졌어요.

태양광 발전기 설치 비용에서 태양 전지판이 차지하는 비중도 낮아졌어요. 2000년에는 그 비중이 절반쯤 되었지만, 지금은 15% 이하로 떨어졌어요. 오히려 지지대나 공사비가 차지하는 부분이 상당히 높아졌지요. 그동안 인건비나 강철, 구리 같은 재료비가 꽤 많이 비싸졌거든요. 그렇다면 이런 상황에서는 태양 전지의 효율을 높인다고 하더라도 그것이 전기 생산 비용에 미치는 영향은 크지 않을 거예요.

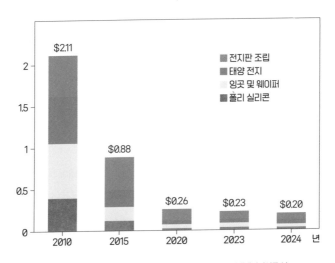

미국 달러로 환산한 와트(W)당 태양 전지판 가격 변화(미국 국립재생에너지연구소)

태양 전지판과 인버터 가격이 크게 떨어짐에 따라 전체 태양광 발전기의 설치 비용도 2000년경에 비해 크게 낮아졌어요. 당시에는 10킬로와트(kW)를 설치하는 데 1억 원 가까이 들었지만, 20년 정도 지난 후에는 1000만 원 아래로 떨어졌거든요. 설치 비용은 건물 지붕이냐 땅바닥이냐 등 설치 장소에 따라서 달라지지만 20년 동안 대략 10분의 1 이하가 된 거예요.

설치비가 그렇게 많이 떨어졌으니 전기 생산 비용도 크게 낮아졌겠지요. 그래서 2020년경부터 태양광 발전은 전 세계 대부분의 지역에서 원자력 발전이나 화력 발전보다 더 값싸게 전기를 생산하는 발전 방식이 돼요. 그렇기 때문에 지금 중요한 것은 태양광 발전 시설을 빠르게 많이 설치하는 거예요. 다시 말하면 태양 전지의 효율을 높이는 것보다 더 중요한 것은 어디에 어떻게 가능한 한 빠르게 설치할 것인지, 그리고 한낮에 과잉 생산되는 전기를 어떻게 저장할 것인가예요. 그래야만 지속 가능하지 않은 화력과 원자력을 빨리 몰아내고 기후 변화를 저지하고 에너지 전환을 달성할 수 있거든요.

대규모 태양광 발전소는 이미 전 세계 대부분의 지역, 중

동이나 남미, 미국의 텍사스나 캘리포니아 같은 지역은 물론이고, 햇빛이 그다지 풍부하지 않은 독일과 프랑스에서도 2020년경부터는 화력 발전보다 더 값싸게 전기를 생산하고 있어요. 그러니 우리나라에서도 설치 장소를 잘 찾아서 빠르게 보급하는 것이 탄소 중립, 에너지 전환을 위해서 매우 중요해요.

태양광 발전기
어디에 설치할까?

우리나라에서 태양광 발전소는 남쪽을 향해서 약 30도의 경사를 주어서 설치해야 하는 것으로 알려져 있어요. 단독 주택들이 많이 들어선 동네에 가면 지붕에 설치된 태양광 발전기를 볼 수 있는데 대부분 지붕 위에 덜렁 올려져 있어요. 보기 좋은 모습은 아니지요. 평평한 지붕에도 높게 띄워 남향으로 경사지게 설치되어 있어요. 하지만 지금은 반드시 그럴 필요는 없어요.

태양 전지판이 비쌀 때는 가능한 한 전기를 많이 얻기 위해 남쪽을 향해서 30도 경사로 설치했지만, 전지판이 저렴해진 지금은 지붕 모양에 맞추고 지붕에 붙여서, 그리고 동쪽과 서쪽에도 설치하는 게 더 좋을 수 있어요. 지붕을 넓게 사용하니 더 많이 설치할 수 있고 강한 지지대를 사용하지 않으니 비용이 더 들지도 않아요. 전지판이 많이 설치되어 있으니 전기가 더 많이 생산될 수 있겠지요. 평평한 지붕에서도 굵은 파이프를 세우고 지붕에서 멀리 띄우지 않고 옥상에 붙여서 동쪽과 서쪽을 향해서 전지판을 가능한 한 많이 설치

태양 전지판이 저렴해진 지금은 지지대 없이 지붕 모양에 맞추고 지붕에 붙여서 설치하면 된다.
사진 Pixabay ©ulleo

농지에는 영농형 태양광이 설치되고 있다. 사진 Pixabay ©Baywa r.e.

하는 방법도 나쁘지 않아요. 유럽 여러 나라에서는 이미 이런 식으로 태양광 발전소를 설치하고 있어요.

태양광 발전기를 지붕이 아니라 벽에 설치할 수도 있어요. 지붕에 남향으로 경사를 주어서 설치할 때보다 전기는 적게 생산되지만 남쪽과 동서쪽 벽에 그림자만 지지 않으면 얼마든지 설치할 수 있지요.

우리나라에서는 산지나 평지에 건설된 태양광 발전소도 심심찮게 볼 수 있어요. 산지의 태양광 발전소가 숲을 없애고 건설되기 때문에 여름철 산사태의 원인이 된다는 비판을 받기도 하지요. 게다가 이렇게 산지나 평지에 세우게 되면 숲을 파괴하고 농지로도 쓸 수 있는 땅을 없애는 게 돼요. 그러니 이런 곳에 태양광 발전소를 건설하는 것은 가능한 한 피하는 것이 좋아요.

그렇지만 만일 어떤 장소에 태양광 발전소를 건설해도 그 땅을 본래 용도로 사용할 수 있다면 어떨까요? 건축물의 경우에 하나의 땅을 전기 생산과 건물 이용 두 가지 용도로 사용하는 것처럼 말이지요. 예를 들어 같은 땅 위에서 농사도 지으면서 발전을 하고, 자동차가 달리는 도로에서 전기도 생산할 수 있다면 바람직하다고 할 수 있겠지요.

실제로 원래 목적을 해치지 않으면서 태양광 발전기를 설치하여 전기를 생산하는 여러 가지 시도가 이루어지고 있어요. 농지에는 영농형 태양광이 시도되고 있고, 도로에는 방음벽 태양광이 설치되고, 어떤 경우에는 태양광 지붕이 씌워지기도 해요. 영농형 태양광 발전은 태양 전지판을 농지 바닥에서 3m 이상의 높이로 설치하여 위에서는 전기를 생산하고 밑에서는 농사를 짓는 것을 말해요. 온실에도 여러 가지 방식으로 설치하여 전기 생산과 농사를 함께하고 있어요.

그러면 태양 전지판 밑에서, 그리고 온실에서 농작물이 잘 자랄 수 있을까요? 혹시 햇빛을 많이 못 받고 자라서 수확량이 떨어지는 것은 아닐까요? 이것은 농작물에 따라 달라요. 햇빛이 아주 많이 필요한 작물은 수확량이 감소하기도 해요. 하지만 여름철의 뜨거운 직사광선이 생육에 방해가 되는 작물이나 어느 정도 그늘이 필요한 작물은 오히려 수확량이 늘어날 수 있어요. 그리고 태양 전지판이 우박, 폭우, 폭염 등을 막아 주기 때문에 농작물이 안전하게 성장하는 환경을 만들어 주기도 해요. 수분의 증발을 감소시키기 때문에 물 사용량이 줄어든다는 장점도 있어요.

햇빛을 적게 받아서 수확량이 줄어드는 작물로 대표적인

도로 위 지붕형 태양광 발전 시설. 독일의 프라운호퍼 태양 에너지 연구소에서 고속 도로 위에 '태양광 패널 지붕'을 설치하려는 연구를 진행하고 있다. 사진 Fraunhofer ISE

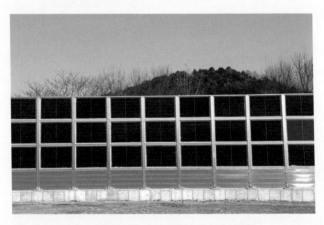

전라남도 순천역 근처의 방음벽에 설치된 수직형 태양광 발전소. 사진 ⓒ이필렬

것은 벼인데, 이 경우도 논 위에 태양 전지판의 간격을 멀리 띄워서 설치하면 수확량에 큰 차이가 없다고 해요. 논 주위에 태양 전지판을 수직으로 세워서 논을 둘러싸도 차이가 없다는 연구도 있어요. 수확량이 늘어나는 작물로는 심한 기상 변화로부터 보호받는 것이 생육에 유리한 포도, 방울토마토, 블랙베리 같은 것이 있어요. 독일에서는 영농형 태양광을 설치한 밭과 설치하지 않은 밭에 감자를 심고 수확량을 비교했는데, 차이가 거의 없는 것으로 나왔어요.

태양광 발전 특히 영농형 태양광 발전에 대해서는 비판 의견도 꽤 많아요. 우리나라에서 농촌의 밭이나 빈 땅에 태양광 발전소를 건설하려 할 때 근처 농민들이 심하게 반대하는 경우도 있어요. 이때 반대하는 사람들이 주장하는 이유는 주변 지역 온도가 상승하고, 농지의 임대료가 올라가고, 주변 농지의 수확량이 줄어든다는 거예요. 영농형 태양광이 경관을 해치고, 철새가 날아들지 못하게 하는 등 생태계를 교란하고, 농지 가격을 상승시킨다는 비판도 있어요. 어느 정도 일리가 있지만 우리나라처럼 인구 밀도가 높고 면적이 좁은 나라에서 많은 양의 재생 가능 전기를 생산할 수 있다는 것은 큰 장점이지요.

변신하는
태양 전지

　태양광 발전소에서는 햇빛이 비쳐야만 전기가 생산돼요. 비가 오거나 흐린 날에는 전기 생산이 얼마 안 되고, 밤에는 전기가 하나도 나오지 않아요. 반면에 해가 아주 좋은 날에는 전기가 넘치도록 나와요. 그러니 태양광 발전이 2050년에 전체 전기 생산의 50% 이상 되게 하려면 낮에 햇빛이 내리쬘 때 넘쳐 나오는 전기를 저장할 수 있어야 해요.

　얼마 전까지 남는 전기를 저장하는 일은 주로 양수 발전(펌프 저장 수력 발전)을 가지고 했어요. 산의 위와 아래에 호수를 만들어 놓고 전기가 남으면 이 전기로 아래의 물을 위로 퍼올리고, 전기가 필요하면 위의 물을 아래 호수로 흘려 보내서 발전을 하는 방식이지요.

　그런데 최근에는 리튬 이온 배터리의 발달로 배터리 저장도 늘어나고 있어요. 이 배터리는 전기 자동차나 스마트폰에 들어가는 것과 같은 종류의 배터리예요. 리튬 이온 배터리는 지금 나와 있는 배터리 중에서 가장 성능이 좋아요. 태양광 발전소의 전기를 저장하는 리튬 이온 배터리는 여러 종류가 나와 있어요. 가정집 지붕의 작은 태양광 발전소에 연결하는 여행용 가방 크기의 소형부터 대규모 발전소에 적용되는 컨테이너 크기의 대형도 보급되고 있지요.

테슬라에서는 주택용으로 파워월, 대형 발전소용으로는 메가팩이라는 저장 장치를 생산하고 있어요. 파워월은 13.5킬로와트시(kWh)의 전기를 저장할 수 있고, 메가팩은 3900킬로와트시(kWh)의 전기를 저장할 수 있어요. 주택에 파워월을 설치하고 지붕에 10킬로와트(kW)의 태양광 발전기를 올리면 그 주택에서 필요한 전기는 대부분 자급자족할 수 있을 거예요. 미국의 캘리포니아나 텍사스, 그리고 오스트레일리아에서는 파워월을 설치한 주택을 많이 볼 수 있어요. 물론 비가 며칠 계속해서 내리거나 흐린 날이 계속될 때는 파워월에 저장된 전기가 모자랄 수 있어요. 하지만 이때는 전기 회사에서 약간의 전기만 공급받으면 돼요.

메가팩은 수십 개에서 수백 개 이상 설치해서 전기를 저장해요. 아주 큰 태양광 발전소에서 낮에 넘쳐 나는 전기를 대규모로 저장할 때 적합한 것이지요. 우리나라의 엘지에너지솔루션이라는 회사에서도 파워월 같은 크기의 소형 저장 장치와 컨테이너 크기의 대형 저장 장치를 생산하고 있지만,

하와이 카우아이섬에 설치된 테슬라 태양광 발전소와 배터리 저장 장치. 사진 Tesla

모두 수출용으로 국내에서는 판매하지 않아요.

앞으로 리튬 이온 배터리를 이용한 전기 저장 장치는 매우 빠른 속도로 퍼져 갈 거예요. 세계에서 가장 빠르게 메가팩 같은 대용량 전기 저장 장치가 보급되고 있는 나라는 오스트레일리아예요. 2023년에 오스트레일리아에서는 석탄 화력이 전체 전기의 46%를 생산했어요. 태양광 발전은 17%였고요. 하지만 전문가들은 머지않아 태양광 발전이 배터리 저장 장치와 결합하여 석탄 화력을 넘어서고 결국은 몰아낼 거라고 이야기해요. 실제로 오스트레일리아에서 석탄 화력의 비중은 빠른 속도로 감소하고 있고, 반면 태양광 발전은 급속히 증가하고 있어요. 2013년부터 10년간 석탄 화력은 62%에서 46%로 감소했지만, 태양광은 1.5%에서 17%로 늘어났거든요. 전 세계에서 태양광 발전 증가 속도가 이렇게 빠른 나라는 칠레를 제외하면 찾기 어려울 거예요. 칠레는 10년 동안 태양광의 비중이 0%에서 20%로 증가했어요.

그런데 오스트레일리아에서 태양광 발전이 이렇게 빠르게 상승한 이유 중 하나는 배터리 저장 장치가 빠르게 보급되고 있기 때문이에요. 2023년에 소형 저장 장치가 25만 개의 주택에 설치되었는데, 저장 용량은 270만 킬로와트시(kWh)나 돼요. 거의 1만 가구가 1년 동안 사용할 수 있는 전기가 저장되는 것이에요. 만일 저장 장치가 갖추어져 있지 않았다면 태양광 발전이 조금 천천히 늘어났을 거예요. 이 점은 우리나라 제주도와 비교하면 알 수 있어요.

제주도는 전기 소비에 비해 태양광 발전소가 상당히 많은 지역에 속해요. 그런데 햇빛이 강하게 내리쬐는 날에 태양광 발전의 출력 제한, 즉 발전을 하지 못하게 하는 지시가 내려져요. 강한 햇빛으로 태양광 발전소에서 전기가 너무 많이 생산되고 이 전기가 모두 전력망으로 들어가면 전력망을 망가뜨리는 과부하가 발생하기 때문이에요. 그러면 제주 전역에 정전이 일어나는데, 이걸 막기 위해서 출력 제한을 하는 것이지요.

하지만 넘쳐 나는 전기를 보관할 저장 장치가 있다면 출력 제한을 할 필요가 없어져요. 제주도에는 이런 저장 장치가 없기 때문에 태양광 발전소에서 전기를 생산 못 하는 일이 종종 발생하는 거예요. 물론 넘치는 전기를 육지로 보낼 수 있으면 출력 제한 문제는 해결되겠지만 제주도에서는 아직 이걸 할 수 없어요.

또 하나, 넘치거나 모자라는 전기를 조절하는 방법은 가상 발전소를 이용하는 거예요. 가상 발전소는 작은 태양광 발전기, 주택용 배터리 저장 장치, 전기 자동차 등을 전력망에 연결하고 이것들을 인공 지능을 이용해서 조종하는 것을 말해요. 이 말은 규모가 큰 발전소를 건설한 것은 아니지만 발전소와 같은 역할을 한다고 해서 붙여진 것이에요. 가상 발전소에서 전기 자동차는 주차되어 있는 동안 전기를 주고받을 수 있는 전력망에 연결되어 있어야 해요. 가상 발전소를 활용하면 전기가 넘칠 때는 저장했다가 필요할 때에는 저장된 전기를 빼내어서 공급해 줄 수 있기 때문에 발전소와 같은 일을 하는 거예요.

지금은 가상 발전소가 걸음마 단계에 있지만, 앞으로 인공 지능이 더 발달하고 전기 자동차와 작은 태양광 발전소가 더 많아지면 크게 늘어날 거예요.

바람의 힘, 풍력 발전

풍력 발전의
오래된 역사

앞에서 이야기했듯이 태양광 발전과 함께 에너지 전환을 성공시킬 중요한 에너지원은 풍력 발전이에요. 풍력 발전은 이미 20세기 초부터 시작되었어요. 그전에 바람을 이용해서 에너지를 얻는 풍차가 있었기 때문에, 쉽게 시작될 수 있었던 것이지요. 당시에 미국의 경우 작은 풍력 발전기가 수만 개 설치되었다고 해요. 그때는 발전소나 전력망이 거의 없었으니까 전기가 생산되면 그 자리에서 바로 사용되는 방식이었어요. 하지만 큰 발전소가 건설되고 전력망을 통해서 집집마다 발전소에서 생산된 전기가 공급됨에 따라 풍력 발전기는 거의 자취를 감추게 돼요.

1973년 세계 오일 쇼크가 터지면서 풍력 발전은 다시 관심을 받게 되고, 이때부터 조금 큰 규모의 풍력 발전기가 제작되어 세워지기 시작해요. 1980년대에 건설되어 전 세계에 널리 알려진 것은 미국 캘리포니아 알타몬트 고개에 위치한 풍력 발전 단지예요. 여기에는 발전 용량 120킬로와트(kW)짜리 발전기가 4930개나 세워졌어요. 요즈음 육상에 설치되

네덜란드 잔세스칸스의 풍차. 바람을 이용해서 에너지를 얻는 풍차가 있었기 때문에 20세기 초부터 풍력 발전은 쉽게 시작될 수 있었다. 사진(왼쪽) Pixabay ©doris62 사진(오른쪽) Pixabay ©dassel

는 대형 풍력 발전기와 비교하면 40분의 1도 안 되는 크기지요. 당시에 미국과 함께 풍력 발전에 크게 관심을 보인 나라는 덴마크예요.

덴마크에서도 오일 쇼크의 영향으로 1980년대부터 본격적으로 풍력 발전소가 건설되기 시작해요. 그런데 미국에서는 오일 쇼크가 지나간 후에는 풍력 발전이 더 발달하지 못하고 정체되었지만, 덴마크에서는 기술 개발과 건설이 계속되었어요. 그 결과 덴마크의 전기 생산에서 풍력 발전이 차지하는 비중이 꾸준히 증가했고, 또한 베스타스라는 전 세계에서 가장 큰 풍력 발전기 생산업체를 보유하게 돼요. 미국에서는 2010년경이 되어서야 다시 풍력 발전이 관심을 받고 건설되기 시작해요. 그 결과 2023년에는 중국에 이어서 두 번째로 풍력 발전을 많이 하는 나라가 되었어요.

전 세계 전기 생산량에서 풍력 발전이 차지하는 비중은 2023년에 7.82%였어요. 재생 가능 에너지 중에서는 수력의 14.28%에 이어서 두 번째지요. 풍력 발전은 2000년경에 전 세계로 확대되기 시작해요. 이때 설치된 발전기의 용량은 1메가와트(MW) 정도로 2020년대의 초대형 발전기와 비교하면 15분의 1 정도였어요. 그래도 높이가 60m가량, 날개

1980년대 초에 설치된 미국 캘리포니아주 알타몬트 풍력 발전 단지. 사진 위키미디아 커먼스

길이는 25m가 넘으니 상당히 큰 구조물이지요. 당시에는 주로 덴마크, 독일, 스페인에서만 빠르게 퍼졌고, 다른 나라에서는 걸음마 단계였어요. 그 이유는 세 나라에서만 풍력 발전에서 나오는 전기를 모두 구매하고 생산비를 보장해 주는 정책을 폈기 때문이에요.

또 한 가지 보급에 기여했던 점은 당시에도 풍력 발전의 발전 원가가 원자력이나 화력 발전의 발전 원가보다 그다지 높지 않았다는 거예요. 그 후 기술 발달과 대량 생산으로 발전 원가가 계속 낮아졌고, 이에 따라 다른 나라에서도 풍력 발전에 관심을 갖게 돼요. 2000년에는 1킬로와트시(kWh)당 생산비가 약 0.16달러였던 것이 2005년이 되면 0.11달러로 3분의 2 정도로 떨어지거든요. 그리고 2010년에는 0.1달러, 2015년에는 0.07달러, 2020년에는 0.04달러로 20년 만에 4분의 1로 떨어지고, 기존의 어떤 발전 방식보다 더 싸게 돼요. 그래서 지금은 풍력 발전이 전 세계에서 태양광 발전과 함께 매우 빠른 속도로 성장하고 있어요.

바다로 나간
풍력 발전기

2010년경부터는 바다에 건설하는 해상 풍력 발전 단지도 본격적으로 퍼져 나가게 돼요. 물론 발전 원가는 육지보다 비싸지만 바람이 훨씬 강하고, 초대형 발전기를 설치할 수 있으며, 건설 장소를 찾기 쉽다는 점 때문에 빠르게 확대되고 있어요. 해상 풍력을 통해 1킬로와트시(kWh)의 전기를 생산할 때의 비용은 2010년에 약 0.19달러였지만 2020년에는 그것의 절반 이하인 0.09달러로 떨어졌어요.

해상 풍력을 가장 활발하게 하는 나라는 중국과 영국이에요. 중국은 태양광 발전과 함께 풍력 발전을 대대적으로 확대하는 정책을 펴고 있고, 영국은 섬나라로 바닷바람이 대단히 강하기 때문이에요.

풍력 발전기는 여러 종류가 있어요. 이것들은 크게 발전 터빈의 축이 바람 부는 방향과 수직이냐 수평이냐로 나눌 수 있어요. 두 종류 모두 지금까지 다양한 형태가 제작되었지만, 대규모 풍력 발전 단지용으로 최종적으로 선택된 것은 날개가 3개인 수평축 풍력 발전기예요.

풍력 발전기는 크게 나누어서 날개, 발전 터빈, 타워로 구성되어 있어요. 날개가 돌아가면 타워 위에 얹혀 있는 통 속의 터빈이 회전하면서 전기를 만들어 내요. 이 전기는 타워 아래로 연결된 전선을 통해서 전력망으로 들어가지요. 풍력 발전기의 크기와 발전 용량은 시간이 갈수록 계속 늘어나서 높이가 50층 아파트보다 더 높고 날개가 한 번 돌 때 휩쓰는 면적이 축구장보다 더 넓은 것들도 많이 나와 있어요.

2024년까지 나온 풍력 발전기 중에서 세계에서 가장 큰 것은 타워의 높이가 242m, 날개 하나의 길이가 128m나 돼요. 우리나라 아파트 70층 정도의 높이와 같고, 날개가 돌면서 지나가는 면적은 축구장 2개를 합한 것과 비슷해요. 중국에서 제작된 이 풍력 발전기는 발전 용량이 20메가와트(MW)이고, 이것 하나에서 생산되는 전기로 약 10만 명이 쓸 수 있는 전기를 공급할 수 있다고 해요. 작은 도시 하나에 필요한 전기를 이 풍력 발전기 한 개로 해결할 수 있다는 것이지요. 참고로 우리나라 원자력 발전소 한 개의 발전 용량은 대략 1000메가와트(MW)예요. 20메가와트(MW) 50개를 세우면 원자력 발전소 하나를 대치할 수 있지요.

이런 풍력 발전기는 크기가 어마어마하기 때문에 육지에

세우기는 어려워요. 도로를 통해서는 날개를 운반하는 것이 불가능하기 때문이에요. 날개는 조립이 안 되고, 128m짜리 하나로 이루어져 있거든요. 그래서 이런 초대형 풍력 발전기는 바다에 건설할 목적으로 제작되어요.

이렇게 거대한 구조물을 바다에 세우는 것도 쉬운 일이 아니에요. 얕은 바다에는 강에 교각을 건설하는 것과 같이 바다에 콘크리트 기초를 하거나 기둥을 박고 그 위에 발전기 타워를 세우면 돼요. 하지만 수심이 깊어질수록 콘크리트 기초를 놓는 것이 어려워지기 때문에 다른 방법을 찾아야 해요. 그래서 바다의 수심이 100m가 넘어가면 바닥에 콘크리트나 기둥으로 고정하는 식으로 풍력 발전기를 세우지 않아요. 바다에 떠 있는 방식으로 건설하는데, 이것을 부유식 풍력 발전기라고 해요. 간단히 말하면 닻을 드리워서 움직이지 않도록 한 배 같은 구조물 위에 풍력 발전기를 세우는 방식이지요.

이런 건설 방식은 심해 유전 개발에 적용되고 있어요. 깊은 바다에서 석유를 시추하거나 퍼 올리려면 바다 위에 작업장을 건설해야 해요. 이것을 석유 플랫폼이라고 하는데, 이런 구조물을 바다 한가운데 고정하기 위해 수심이 1000m 되는 심해에 콘크리트를 붓거나 기둥을 박는 것은 불가능하지요. 그래서 바다 위에 띄우지만 닻을 드리워서 단단히 고정하는 방식을 적용해서 석유 플랫폼을 건설하게 돼요.

부유식 풍력 발전기는 수심이 깊은 바다에 세울 수 있기 때문에 가까운 바다에 세우는 것에 비해 여러 가지 장점이 있어요. 수평선의 경관을 해치지 않는다는 점, 근해에 몰려 있는 물고기의 산란장이나 산호초를 파괴하지 않는다는 점, 아주 큰 규모의 풍력 발전 단지를 건설할 수 있다는 점, 방해물이 전혀 없고 이에 따라 강한 바람이 불기 때문에 육상 풍력이나 가까운 바다의 해상 풍력에 비해 더 많은 전기를 생산할 수 있다는 점 등이에요. 단점은 수심이 깊은 먼바다에 건설하기 때문에 건설비와 운영비가 더 많이 들고, 생산된 전기를 육지까지 끌어오는 데도 많은 비용이 드는 것이에요.

과잉 생산된 전기, 어떻게 저장할까?

부유식 풍력 발전의 가장 큰 문제라면 생산된 많은 양의 전기를 육지까지 끌어와서 소비자에게 전달해 주는 방식이라는 거예요. 해상 풍력 발전 단지에서 생산된 전기는 보통 해저에 설치된 케이블을 통해서 육지로 전달돼요. 풍력 발전기에서는 교류 전기가 나오는데, 이것을 고압의 직류로 바꾸어서 보내지요. 그런데 풍력 발전 단지가 육지에서 멀리 떨어져 있으면 케이블을 설치하는 데 많은 비용이 들어가요.

게다가 해상에서는 바람이 강해서 전기가 너무 많이 생산되는 경우도 종종 있는데, 이때 케이블을 통해서 이 전기가 모두 전력 시스템으로 전달되면 시스템이 감당하지 못하게 돼요. 그 결과 전력 시스템이 붕괴되고 대규모 정전이 일어날 수 있어요.

이런 문제를 해결하기 위해서 여러 가지 방안이 제시되었어요. 모두 과잉 생산된 전기를 저장하는 방법에 관한 것이에요. 이런 방법으로는 배터리에 직접 저장하는 것, 이 전기로 수소를 만들어서 저장하는 것, 전기를 이용해 공기를 압축해서 저장하는 것 등이 있어요. 이 중에서 수소와 배터리의 경우는 그 시설을 육지와 해상 두 곳에 모두 건설할 수 있어요.

압축 공기로 저장하는 경우에는 풍력 발전 단지가 있는 바다에 설치하게 돼요. 시설을 해상에 설치하는 것은 설치 장소를 찾는 수고와 비용을 절약할 수 있다는 장점이 있어요. 물론 시설이 파도에 견뎌야 하고 소금물에도 부식되지 않아야 하기 때문에 설치 비용은 더 많이 들어가겠지요.

배터리는 풍력 발전기마다 몇 개씩 설치할 수도 있고 커다란 부유식 플랫폼 위에 많은 양을 설치할 수도 있어요. 저장된 전기는 바람이 약해져서 전기 생산이 줄어들었을 때 육지로 보내져요.

수소를 생산할 경우에는 배터리가 과잉 생산되는 전기를 저장하는 것과 달리 풍력 발전 단지에서 나오는 전기를 모두 수소를 만드는 데 사용하는 것이 유리해요. 설치 비용이 많이 들어가기 때문에 큰 규모의 설비를 건설해서 운영하는 것이 경제적이기 때문이에요. 생산된 수소는 해저 파이프라인을 통해서 육지로 전달되거나 해상에서 가공된 후에 육지로 갈 수 있어요. 해상 플랜트에서 수소를 암모니아나 메탄올 같은 것으로 가공하는 것이지요. 물론 이때 손실이 발생하지만 수소보다 더 안전하게 저장할 수 있다는 장점이 있어요.

압축 공기 저장 방법은 전기를 이용해서 공기를 압축해서 저장했다가 필요할 때 이것을 이용해 전기를 만들어서 사용하는 거예요. 공기가 강하게 압축되어 있기 때문에 뿜어져 나오면 가스 터빈 발전기를 돌릴 정도의 힘을 내게 돼요. 물론 압축과 발전기 회전 과정에서 상당한 손실이 발생한다는 단점이 있어요.

날개를 나무로
만들 수 있을까?

풍력 발전기가 20메가와트(MW)짜리도 나왔고 크기도 초고층 아파트만큼 높아졌는데 앞으로도 계속 크기가 늘어날까요? 지금도 많은 기술자들은 가지각색의 크고 작은 풍력 발전기를 개발하고 있어요. 하지만 아주 작은 소형이거나 대형은 연구 개발 단계를 벗어나지 못했어요.

기후 변화와 에너지 전환에 제대로 기여할 풍력 발전기는 현재 전 세계에서 돌아가고 있는 날개 세 개짜리 대형 풍력 발전기예요. 그리고 이것은 크기가 계속 늘어나는 방향과 날개와 타워의 재료를 다른 것으로 바꾸는 방향으로 나아갈 거예요.

어떤 기술자는 2035년경에는 발전 용량이 30메가와트(MW) 되는 풍력 발전기가 나올 것이라고 예측해요. 높이가 아마 200m 가까이 될 것이고, 날개 길이도 150m가 넘을 거래요. 어느 중국 회사에서는 26메가와트(MW) 풍력 발전기를 제작해서 테스트하고 있다고 해요. 날개가 그리는 원의 지름은 310m, 타워의 높이는 60층 아파트 높이와 맞먹는 185m

의 초대형이에요.

풍력 발전기의 타워는 강철이나 콘크리트로 제작돼요. 날개는 주로 유리 섬유, 중심 틀은 발사 나무, 그리고 접착용 수지로 만들어요. 가능한 한 가볍게 그러나 태풍에도 견딜 수 있도록 강하게 만들어야 하기 때문에 유리 섬유 대신 탄소 섬유를 사용하기도 해요. 풍력 발전기가 클수록 타워 제작에 들어가는 강철과 콘크리트의 양은 크게 증가하지요. 그리고 이것들을 생산하는 과정에서 온실가스가 많이 배출되어요. 수십 년이 지나 발전기를 철거하게 되면 콘크리트나 날개는 재활용하기도 어려워요.

그래서 스웨덴의 모드비온이라는 회사에서는 나무로 만든 합판을 겹겹이 붙이고 원형으로 가공해서 타워를 만드는 기술을 개발했어요. 이 타워는 조립식이기 때문에 운반이 강철이나 콘크리트 타워보다 더 수월해요. 2023년에는 높이가 105m 되는 것까지 세웠어요. 이 회사에서는 200m 이상의 높은 타워도 만들 수 있다고 하니 앞으로 타워용으로 쓰이는 콘크리트나 강철을 상당히 많이 대치할 수 있을 거예요. 나무 타워를 사용하면 온실가스 배출을 90% 이상 줄일 수 있어요.

독일의 스타트업 보오딘사에서 제작한 나무로 만든 풍력 발전기 날개. 사진 Kiel Oliver Maier/
Voodin Blade Technology

여기서 또 한 가지 중요한 요소는 가격이지요. 나무로 만든 것이 강철 타워보다 더 비싸면 그 방향으로 옮겨 가기 어렵거든요. 모드비온에서는 나무로 만드는 것이 가격을 더 낮출 수 있다고 해요.

그러면 풍력 발전기의 날개도 나무로 만드는 것이 가능할까요? 나무로 만들면 강화 유리 섬유나 강화 탄소 섬유로 만들 때보다 온실가스 배출량을 80% 가까이 줄일 수 있다고 해요. 사실 1980년대에는 날개를 나무로 많이 만들었어요. 당시에 초대형에 속했던 베스타스 회사의 1.65메가와트(MW) 풍력 발전기 날개는 모두 자작나무 합판으로 제작되었거든요. 그 후 풍력 발전기가 더 커지면서 중심 틀은 나무로 만들지만 그 위는 강화 유리 섬유로 씌우면서 나무 날개는 사라졌지요.

하지만 심각해진 기후 변화로 다시 나무 날개에 대한 관심이 커지고 있고, 몇몇 스타트업에서는 나무 날개를 개발하고 있어요. 독일의 어느 회사에서는 합판으로 길이 19.3m 되는 날개를 제작해서 2024년에 독일 브로이나의 풍력 발전 단지에 설치했어요. 가격은 20% 정도 더 싸고 사용 기한도 25년 정도 된다고 해요. 그리고 100% 재활용이 가능하다고 하니 앞으로 초대형에 적용할 수 있는 100m 이상의 날개도 나오면 수명이 다한 풍력 발전기 처리 문제로 고민하지 않아도 될 거예요. 2050년경에 쓰레기로 나올 것으로 예상되는 풍력 발전기 날개는 5000만 톤이라고 해요. 이것들은 분쇄해서 땅에 묻거나 태울 수밖에 없지만, 나무 날개가 풍력 발전기에 널리 적용되면 이 문제는 해결되는 것이지요.

나무로 지은
고층 건물

앞에서도 이야기했듯이 강철이나 시멘트는 생산 과정에서 많은 양의 온실가스를 배출해요. 이 문제를 해결하기 위해서 제시된 방법이 화석 연료 대신 그린 수소나 전기를 사용하는 거예요. 그런데 이때 전제되는 것은 강철과 콘크리트를 지금까지 그래 왔던 것과 마찬가지로 앞으로도 계속 사용하리라는 거예요. 하지만 전혀 다른 방향으로 이 문제에 접근할 수도 있어요. 그것은 이 재료들을 사용하지 않고 다른 것을 찾아 쓴다는 거예요. 그 유력한 후보가 바로 나무예요.

강철과 시멘트가 가장 많이 사용되는 곳은 건축과 토목 분야이지요. 건물, 다리, 도로, 댐 등을 건설할 때 이 두 재료는 없어서는 안 되는 것으로 알려져 있어요. 시멘트는 거의 100%, 강철은 약 40%가 건설 분야에서 사용돼요. 둘을 합하면 건설 분야의 온실가스 배출량은 전 세계 배출량의 10%가 넘을 거예요.

오래전부터 건설 분야에서 사용되었던 재료는 나무, 돌, 흙이에요. 이것들은 현대에 와서 거의 강철과 콘크리트로 대치

캐나다 밴쿠버의 브리티시컬럼비아대학교 기숙사.
18층 목조 건물이다. 사진 UBC

영국 런던의 목조 건물. 사진 Binderholz

되었어요. 고층 건물이나 다리 등의 건설은 강철과 콘크리트 없이는 불가능한 것으로 여겨졌어요. 그런데 21세기에 와서 기후 변화 문제 때문에 건설 분야에서 나무에 대한 관심이 매우 높아졌어요. 시멘트 블록을 대신하는 나무 블록이 나왔고, 목조 주택 보급이 확대되는 것뿐 아니라 목조 고층 건물도 등장했어요. 스티로폼 같은 화석 연료가 아니라 나무로 만든 단열재도 유럽 등지에서 꽤 많이 보급되고 있어요.

지금 대부분의 고층 건물은 강철과 콘크리트로 지어요. 우리나라에서는 나무로 3층 이상 짓는 것은 건축 관련 법 때문에 어려워요. 그렇지만 나무는 제대로 가공만 하면 많은 장점을 가진 건축 재료가 될 수 있어요. 온실가스를 조금도 내놓지 않고, 강도가 매우 높고, 화재에 강하고, 100% 재활용이 가능하지요. 그리고 대기 중의 이산화 탄소를 흡수해서 건축물로 머물러 있기 때문에, 이산화 탄소를 가두어 두는 역할까지 해요. 기계적이나 화학적인 방식으로 대기 속의 이산화 탄소를 뽑아내서 깊은 동굴이나 바다에 가두는 것보다 훨씬 더 값싸고 효율적인 방법이지요.

우리는 보통 나무가 불에 잘 타는 것으로 알고 있어요. 나무가 불에 타는 것은 맞아요. 하지만 불에 탄다고 해서 반드

목조 건물에 사용되는 목재 방화 시험 결과. 겉에서만 불타고 탄화되어 화염이 안쪽으로 타 들어가지 못한다. 사진 Holz100 Bayern

시 화재에 약한 것은 아니에요. 강철은 불에 타지 않지만 화재에는 약할 수 있어요. 철골로 된 건물에서 불이 나면 강철은 녹거나 휘어질 수 있고 열을 빠르게 전달하기 때문이에요. 고층 건물에 사용되는 나무는 두께가 매우 두꺼워요. 20cm 이상 되거든요. 이 경우 불은 나무의 겉 부분만 태우다가 꺼지거나 속으로 아주 서서히 타 들어가요. 골격이 무너질 때까지는 상당히 오랜 시간이 걸리지요.

21세기에 들어와서 전 세계 곳곳에는 나무로 된 고층 건물이 속속 들어서고 있어요. 오스트리아, 독일, 노르웨이 등 유럽 국가들, 그리고 미국, 캐나다 같은 나라의 도시에서는 고층 목조 건축물을 어렵지 않게 찾아볼 수 있어요. 2024년 현재 가장 높은 목조 건축물은 높이가 85.4m, 18층 건물로 노르웨이에 있어요. 설계 중인 건축물 중에서는 오스트레일리아 시드니의 220m, 55층짜리 건물이 가장 높은 건물이에요. 이 건물에도 콘크리트가 조금 들어가기는 해요. 무게를 많이 받는 중심부의 엘리베이터가 설치되는 곳은 콘크리트로 만들어요. 앞으로 기술이 더욱 발달하면 더 높은 목조 건축물들이 세계 곳곳에서 등장하게 될 거예요.

독일 네카텐츨링엔에 설치된 나무로 만든 다리. 사진 Ingenieurbüro Miebach

발전기의 수명이
다하면?

태양광 발전기나 풍력 발전기에도 수명이 있어요. 태양광 발전에서 태양 전지판의 수명은 25년에서 30년이에요. 그렇다고 30년 후에는 전기를 생산하지 못하는 게 아니라, 전기 생산 효율이 떨어지는 거예요. 30년이 지나면 15% 정도 효율이 감소하게 돼요. 30년 후에는 전기 생산량이 처음의 85%가 된다는 것이지요.

전기가 계속 나오는데 왜 해체하는 걸까요? 폐기할 목적으로 그러는 것일 수도 있지만, 태양 전지판의 가격이 크게 떨어지고 성능은 향상되었기 때문에 새 전지판으로 교체하기 위한 것일 수도 있어요. 태양 전지판은 30년 전과 비교하면 가격은 20분의 1, 효율은 50% 정도로 좋아졌고, 태양 전지판 한 장의 크기와 발전 용량도 크게 높아져서 설치하기가 수월해졌거든요. 2000년경에 태양 전지판의 효율은 약 10%였지만 20여 년 후에는 15% 이상으로 높아졌으니 교체하면 그전보다 70%나 더 많은 전기를 생산할 수 있어요. 그렇기 때문에 25년에서 30년이 지나면 새것으로 교체하는 것이에요.

그러면 해체한 태양 전지판은 어떻게 될까요? 태양 전지판은 보통 강화 유리판, 태양 전지, 플라스틱 시트, 알루미늄 프레임, 구리선 등으로 이루어져 있어요. 태양 전지에는 규소, 은, 구리가 들어 있고요. 이것들은 얼마 전까지는 거의 대부분 분쇄해서 땅속에 파묻었어요. 은이나 구리 같은 귀중한 금속을 분리해 내는 작업이 너무 어려워서 그냥 버렸던 거예요.

하지만 앞으로 전 세계에서 매년 쏟아져 나올 태양 전지판을 재활용하지 않으면 귀중한 자원을 그냥 버리게 돼요. 폐기장을 확보하는 것도 점점 어려워질 것이고요. 따라서 재활용 기술 개발이 매우 중요한 과제로 떠올랐어요. 많은 연구와 초보적인 재활용 시도가 이루어지고 있고, 또 성과도 나오고 있지요.

태양 전지판에서 유리와 알루미늄 프레임, 구리선을 분리해서 재활용하는 것은 어렵지 않아요. 가장 중요한 작업은 태양 전지만 따로 떼어 내어서 규소, 은, 구리를 얻는 거예요. 이것들은 모두 100% 재사용이 가능해요. 플라스틱은 분리한 후 태워서 에너지를 얻는 데 사용돼요.

풍력 발전기의 수명은 20년에서 25년이에요. 수명이 다한 후에는 해체해야 해요. 해체한 다음에는 쓰레기 처리장으로 보내서 땅에 묻거나 태우는 방법이 있고, 재활용하는 방법이 있어요. 발전기의 날개는 유리 섬유나 탄소 섬유에 수지를 발라서 만들기 때문에 다 쓰고 나면 태우거나 분쇄해서 땅속에 묻는 방식으로 처리해요. 타워는 강철의 경우 재사용하고, 콘크리트는 재사용하거나 폐기해 버리지요. 앞으로 나무 날개와 타워가 더 발달해서 초대형 풍력 발전기에도 적용되면 재활용률은 더욱 높아질 거예요.

　지금까지 우리는 기후 변화를 어떻게 보아야 하는지, 그리고 재생 가능 에너지의 현재 상황과 미래 발전 방향에 대해서 알아보았어요. 그런데 한 가지 조금 아쉬운 점이 있어요. 바로 우리나라는 어떻게 해야 하는가에 대한 이야기가 없었다는 거예요. 그래서 마지막으로 이 주제에 대해 생각해 보려 해요.

　전체 에너지의 95%를 수입해야 하는 우리나라의 현실을 아는 사람에게 먼저 떠오르는 물음은 '우리나라에서 에너지 전환이 가능할까?'일 거예요. 대답은 아마 '어려울 거야.'로 나올 것 같아요. 그래도 우리나라는 항상 비관적인 상황을 헤쳐 나갔으니 가능할 것이라는 희망을 품고 이 문제를 풀어 가 볼게요.

　에너지 전환이 이루어지려면 대부분의 에너지가 재생 가능 전기로 공급되어야 해요. 난방이나 운송에 필요한 에너지뿐 아니라 공장에서 필요한 에너지도 거의 모두 전기 에너지로 바뀌어야 한다는 것이에요. 그러면 전기 생산이 크게 늘어나야 하겠지요. 현재 우리나라 에너지에서 전기가 차지하는 비중은 20%이니 5배는 늘어나야 하고, 이것이 모두 태양 에너지나 풍력에서 와야 한다는 것이지요. 생산 효율을 크게 높이면 상당히 줄어들겠지만 그래도 3배는 되어야 할 거예요.

2023년 우리나라의 전기 생산량은 588테라와트시(TWh)였어요. 3배면 약 1760테라와트시(TWh)가 돼요. 이걸 모두 태양광 발전과 풍력 발전으로 충당해야 하는데, 이때 전부 우리나라 안에서만 생산할 필요는 없어요. 우리나라에서 모두 생산하면 좋겠지만, 나라 밖에서 만들어서 가져올 수도 있다는 것이지요.

그러면 먼저 태양과 풍력의 비율을 60대 40 정도로 해서 생산한다고 가정하고 필요한 발전소의 용량을 계산해 보기로 해요. 태양광은 약 610기가와트(GW), 풍력은 244기가와트(GW)가 필요한 걸로 나오네요.

그러면 어디에 발전소를 설치할 수 있을까요? 태양광 발전소는 우리가 앞에서 배웠듯이 건물, 농지, 도로 등지에 건설할 수 있겠지요. 우리나라 정부 기관 중에 에너지 공단이라고 있는데, 여기에서 우리나라 건물에 145기가와트(GW)를 설치할 수 있다고 해요. 나머지 465기가와트(GW) 중 영농형 태양광 발전소 형태로 우리나라 농지 25%에 설치할 경우 약 350기가와트(GW)가 가능해요. 이제 115기가와트(GW)가 남는데, 이 중에서 15기가와트(GW)는 도로를 이용하고, 100기가와트(GW) 정도는 나라 밖에서 생산하는 것도 생각해 볼 수 있어요. 한 예로 몽골의 사막에 대규모 태양광 발전소를 건설해서 전기를 가져오자는 것이에요.

몽골은 우리나라보다 북쪽에 있지만 태양광 전기 생산 효율은 아주 높아요. 우리나라에서는 1킬로와트(kW)를 설치하면 1300킬로와트시(kWh) 정도 나오지만, 몽골 사막에서는 1900킬로와트시(kWh)가 나와요. 50%나 더 나오는 것이지요. 이 전기를 중국과 서해를 연결하는 대용량 송전선을 설치해서 가져오는 거예요. 물론 송전선 설치비가 많이 들겠지요. 하지만 전기가 훨씬 더 많이 생산되기 때문에 이 비용은 몇 년 안에 상쇄될 수 있어요.

풍력 발전소는 바다에 세워야 해요. 서해, 남해, 동해에 모두 그리고 꽤 먼 바다까지 이용하면 244기가와트(GW)는 충분히 건설할 수 있을 거예요. 에너지 공단에서는 우리나라 육지와 바다에 풍력 발전소를 740기가와트(GW)까지 건설할 수 있다고 해요.

이제 우리나라에서도 태양광 발전과 풍력 발전을 통해서 에너지 전환을 할 수 있다는 것을 알았지요? 남은 것은 좋은 정부와 에너지 전환의 중요성을 마음에 새긴 국민이 힘을 합쳐서 에너지 전환을 향해서 나아가는 것이에요. 독자 여러분도 이 대열에 동참하게 되기를 바랍니다.

질문하는 시민 2
에너지 기술이 인류를 구할 수 있을까?

초판 1쇄 발행 2025년 3월 25일
글 이필렬 | **편집** 이해선 | **디자인** 신병근 | **제작** 세걸음
펴낸곳 다정한시민 | **펴낸이** 이해선 | **출판신고** 2024년 3월 4일 제 2024-000039호
주소 경기도 고양시 일산동구 중앙로 1305-30 마이다스 오피스텔 605호 | **전화** 070-8711-1130
팩스 070-7614-3660 | **이메일** dasibooks@naver.com | **블로그** blog.naver.com/dasibooks

인쇄·제본 상지사 P&B

ⓒ 이필렬 2025
ISBN 979-11-94724-00-1 (44400) | 979-11-987002-2-3 (세트)